Захват Биткойна

ЗАХВАТ БИТКОЙНА

СКРЫТАЯ ИСТОРИЯ BTC

РОДЖЕР ВЕР и СТИВ ПАТТЕРСОН

Написано в соавторстве со Стивом Паттерсоном
Steve-patterson.com

ISBN 9798992374025 (ePub)
ISBN 9798992374032 (Мягкая обложка)
ISBN 9798989492435 (English)

Дизайн обложки: Феликс Диас де Эскауриас
Перевод на русский язык: github.com/dmetree

Содержание

Часть III: Вернуть Биткойн

Захват Биткойна

Предисловие

От Джеффри Такера

История, которую вы прочтёте, — это трагедия, хроника денежной технологии, которая могла принести свободу, но была искажена ради других целей. Книгу, безусловно, больно читать, и впервые эта история рассказана с такими подробностями и во всех деталях. У нас был шанс освободить мир. Этот шанс был упущен, скорее всего, отнят и испорчен.

Те из нас, кто следил за Биткойном с первых дней его существования, с восхищением наблюдали за тем, как он набирает обороты и, казалось, предлагал жизнеспособный альтернативный путь будущего денег. Наконец-то, после тысячелетий коррупции правительств, у нас появилась технология, которая была неуязвимой, надёжной, стабильной, демократичной, неподкупной — воплощение видения борцов за свободу на протяжении всей истории. Наконец-то деньги можно было освободить от государственного контроля и таким образом достичь экономических, а не политических целей — процветания для всех, в противовес войне, инфляции и росту государственной машины и её влияния.

Во всяком случае, так было задумано. Увы, этого не произошло. Биткойн используется сегодня меньше, чем пять лет назад. Он находится не на траектории окончательной победы, а на пути постепенного роста цены для тех, кто приобрёл его раньше. Короче говоря, технология была предана из-за небольших изменений, которые в то время почти никто не понимал.

Уж точно, не я. Я пользовался Биткойном несколько лет и был глубоко поражён скоростью расчётов, низкой стоимостью транзакций, а также возможностью для любого человека, не имеющего банковского счёта, отправлять или получать Биткойн без посредников. Это чудо, о котором я восторженно писал в то время. Я организовал конференцию CryptoCurrency в Атланте, штат Джорджия, в октябре 2013 года, которая была посвящена интеллектуальной и технической стороне вопроса. Это была одна из первых национальных конференций по этой теме, но даже на ней я заметил, что формировались две стороны: те, кто верил в денежную конкуренцию, и те, кто был привержен развитию одного протокола.

Впервые я понял, что что-то пошло не так, через два года, когда впервые увидел, что сеть серьезно перегружена. Комиссии за транзакции взлетели, расчеты замедлились, а огромное количество способов входа и выхода закрывалось из-за высокой стоимости обслуживания. Я ничего не понимал. Я обратился к нескольким экспертам, которые объяснили мне, что в криптовалютном мире началась тихая гражданская война. Так называемые «максималисты» выступили против широкого распространения технологии. Им нравились высокие комиссии. Они не возражали против долгого времени расчетов. И многие из них приняли участие в работе криптовалютных бирж, число которых сократилось из-за репрессий со стороны правительства.

В то же время появлялись новые технологии, значительно повышающие эффективность и доступность обмена фиатных долларов. Среди них были Venmo, Zelle, CashApp, FB payments и многие другие, а также приложения для смартфонов и планшетов iPad, которые позволили магазинам любого размера принимать кредитные карты. Эти технологии полностью отличались от Биткойна, поскольку они были основаны на получении разрешения, их использование было возможно благодаря посредничеству финансовых компаний. Но для пользователей они казались отличными, и их присутствие на рынке вытеснило Биткойн в то самое время, когда моя любимая технология превратилась в неузнаваемую версию самой себя.

Форк Биткойна в Bitcoin Cash произошёл два года спустя, в 2017 году, и сопровождался резкими высказываниями и негодованием, как будто происходило что-то ужасное. На самом деле это было восстановление того, как задумывал технологию её основатель Сатоши Накамото. Он, как и исследователи монетарных политик прошлого, полагал, что ключ к превращению любого товара в широко распространённые деньги — это принятие и использование. Невозможно даже представить себе условия, при которых любой товар мог бы принять форму денег, если бы не было жизнеспособного и востребованного на рынке способа его использования. Bitcoin Cash стал попыткой восстановить это.

Время для активного внедрения этой новой технологии наступило в 2013-2016 годах, но на тот момент было две сложности: намеренное ограничение способности технологии к масштабированию и натиск новых платёжных систем, вытесняющих её из сферы использования. Как показано в этой книге, к концу 2013 года захват Биткойна уже готовился. К тому времени, когда Bitcoin Cash пришла на помощь, сеть полностью изменила свой фокус с использования на удержание того, что есть, и создание технологий второго уровня для решения проблем масштабирования. И вот мы в 2024 году, индустрия пытается найти свой путь, свою нишу, в то время как мечты о цене «до луны» исчезают из памяти.

Эта книга должна была быть написана. Это история об упущенной возможности изменить мир, трагическая история об интригах и предательстве. Но это и обнадёживающая история о том, какие усилия мы можем предпринять, чтобы захват Биткойна не стал последней главой. У этой великой инновации ещё есть шанс освободить мир, но путь окажется более извилистым, чем кто-либо из нас мог себе представить.

Роджер Вер не преувеличивает в этой книге, он действительно герой этой саги. Он не только глубоко разбирается в технологии, но и придерживается видения, что Биткойн может нести свободу с самых первых дней и по сей день. Я разделяю его приверженность идее валюты без посредников для масс, наряду с конкурентным рынком для денег свободного предпринимательства. Это важная документальная история, и её аргументация бросит вызов любому, кто придерживается другой точки зрения. Несмотря ни на что, эта книга должна существовать, какой бы болезненной она ни была. Это подарок миру.

Джеффри Такер
Президент Института Браунстоун

Введение

Последние тринадцать лет моей жизни были посвящены тому, чтобы сделать Биткойн и другие криптовалюты деньгами будущего. Эта технология способна сделать мир значительно более свободным и процветающим, и в итоге она станет одним из важнейших изобретений всех времён. Я провёл более десяти лет, рассказывая о преимуществах Биткойна, финансировал многочисленные стартапы в этой отрасли, строил свой собственный бизнес на его основе и видел, как его цена выросла более чем на 6 500 000%. Однако эта книга — не любовный роман, и я предпочёл бы, чтобы ее не пришлось писать. Проект, в котором я участвовал в 2011 году, был захвачен и изменен в худшую сторону.

Биткойн был задуман как цифровые наличные, пригодные для повседневной торговли, с минимальными комиссиями и быстрыми транзакциями, и он работал так в течение многих лет. Но сегодня Биткойн считают «цифровым золотом», не предназначенным для повседневной торговли, с высокими комиссиями и медленными транзакциями — полная противоположность первоначальному замыслу. Его называют «хранилище стоимости», мало заботясь о его полезности в качестве платежной системы. Некоторые люди даже утверждают, что Биткойн не может работать как платежная система, потому что он не масштабируется. Эти распространенные идеи просто не соответствуют действительности. Причина, по которой Биткойн больше не используется для цифровых расчетов, не имеет ничего общего с технологией, лежащей в его основе. Все дело в том, что группа разработчиков программного обеспечения захватила проект, решила изменить его дизайн и намеренно ограничила его функциональность — будь то из-за некомпетентности, злого умысла или сочетания того и другого. Захват произошел примерно в 2014–2017 годах, и в итоге сеть разделилась на две части, а криптовалютная индустрия разлетелась на тысячу осколков. Оригинальный проект все еще существует и остается чрезвычайно перспективным, но он больше не торгуется под тикером «BTC».

По мере того как я путешествую и продолжаю рассказывать по всему миру о преимуществах криптовалюты, выяснилось, что почти никто не знает историю захвата Биткойна. Основные дискуссионные площадки в сети уже много лет подвергаются жесткой цензуре и тщательно контролируют информацию, которую получают люди. Биткойн-максималисты — громкие голоса, настаивающие на том, что все проекты, кроме BTC, являются мошенничеством, — также помогают препятствовать критическому исследованию, в основном запугивая людей в социальных сетях. Любой, кто ставит под сомнение их версию, немедленно подвергается насмешкам, и это оказалось эффективной тактикой для подавления инакомыслия. Поскольку никто не высказывается, у новичков практически нет шансов узнать о реальной истории и устройстве Биткойна. Эта книга предоставляет такую информацию.

Книга «*Захват Биткойна*» состоит из трех частей. В первой части подробно рассматривается первоначальный дизайн Биткойна и радикальные изменения, внесенные в него. Вторая часть — это история захвата, включая многочисленные грязные приемы, такие как цензура, пропаганда и нападения на компании, которые не соглашались с новым курсом. Заключительная третья часть посвящена спасению Биткойна от захватчиков и реалистичному видению будущего.

Стать частью прорывной технологии на ранней стадии — мечта многих предпринимателей, и мой путь был наполнен захватывающими моментами и интересными историями. Но эта книга — не мемуары. Ее цель — просвещение. Последние несколько лет я делился этой информацией в частных беседах, публичных выступлениях и онлайн-видео, но теперь настало время изложить все это в письменном виде. Цель — помочь людям понять текущее положение Биткойна и то, как он к этому пришел. Предпринимателям и инвесторам, которые заинтересованы в том, чтобы в мире появились быстрые, дешевые, надежные и защищенные от инфляции цифровые деньги: мы все еще можем это сделать. Нужно только работать вместе над правильным проектом.

Часть I:

Гениальный дизайн

1

Изменение видения

Криптовалютная революция началась, когда в 2009 году миру был представлен Биткойн. За прошедшее десятилетие Биткойн превратился из совершенно неизвестной технологии в международную сенсацию, породившую новую индустрию. Предприниматели пытаются использовать эту технологию для решения широкого круга проблем — от простого улучшения онлайн-платежей до восстановления мировой финансовой системы. Благодаря освещению в новостях, спекуляциям на Уолл-стрит и энтузиазму в Интернете криптовалюта, пожалуй, стала самой популярной технологией XXI века. Однако, несмотря на шумиху и астрономический рост цен, её влияние на реальный мир было незначительным. В будущем криптовалюты могут послужить основой новой финансовой системы или стать альтернативой государственным деньгам, но на сегодняшний день основное применение криптовалют — это финансовые спекуляции.

Ситуация напоминает мне то время, когда я жил в Кремниевой

долине во время интернет-бума 1990-х годов. Прогнозировалось, что интернет-технологии произведут революцию в коммерции по всему миру, а это означало, что любая «интернет-компания», не имеющая ни инфраструктуры, ни правдоподобного бизнес-плана, могла собрать миллионы, просто владея доменным именем премиум-класса. Спекуляции были просто умопомрачительными. Многие из крупнейших стартапов обанкротились всего через несколько лет после выхода на биржу. И всё же, несмотря на печально известный крах «пузыря доткомов», интернет действительно произвёл революцию в мире. Технология стала важнейшей инфраструктурой глобальной экономики и неотъемлемой частью современной жизни, хотя процесс её становления занял больше времени, чем многие надеялись. Криптовалюты идут по схожему пути. Несмотря на бурные спекуляции и относительную невостребованность, они кажутся неизбежной частью нашего будущего.

Любой рассказ о современной криптовалюте должен начинаться с Биткойна, дедушки всех криптовалют. Моя собственная жизнь связана с Биткойном с тех пор, как я открыл его для себя в 2010 году. Мои первые монеты были куплены в начале 2011 года по цене менее 1 доллара за штуку. Через несколько месяцев цена взлетела до 30 долларов, а к ноябрю того же года упала до 2 долларов — это было первое из многих экстремальных колебаний цены, которые с тех пор стали обычными для индустрии. Стремительный рост цены, за которым следует обвал на 80% и более, — это регулярный цикл, который повторялся несколько раз за короткую историю Биткойна. Волатильность служит хорошим поводом для новостных заголовков, поскольку широкая общественность ориентируется почти исключительно на цену. Но для меня Биткойн всегда был больше, чем просто финансовая инвестиция. Это великолепный инструмент для повышения уровня экономической свободы в мире.

Первоначально Биткойн-сообщество было наполнено эксцентричными людьми и необычными идеями. Как и многих других, меня Биткойн особенно привлек из-за моих политических и философских идеалов. Я очень ценю свободу человека и считаю, что люди должны иметь максимальный контроль над своей жизнью. Чем больше власти у любого правительства, тем меньше власти у отдельных людей, а из экономики и истории я знал, что контроль центральных банков над денежной массой даёт правительствам огромную власть. Поэтому Биткойн пришёлся мне по душе, так как он был спроектирован без центрального управляющего органа. Людям не нужно спрашивать разрешения на его использование. Не существует «Центрального банка Биткойна», который контролирует предложение монет, а сама технология не признаёт международных границ. Немногие вещи имеют больший потенциал для увеличения глобальной свободы, чем быстрые, дешевые в использовании, не требующие разрешения, защищённые от инфляции цифровые деньги.

Футуризм — это ещё один ведущий философский мотив моего энтузиазма по отношению к криптовалютам. Такие мыслители, как Рэй Курцвейл, рисуют убедительные картины будущего, в котором люди радикально улучшат своё благосостояние с помощью передовых технологий. Возможно, достигнув достаточного уровня экономического и технологического развития, мы сможем значительно сократить количество страданий в мире и даже увеличить продолжительность своей жизни, чтобы наслаждаться большим количеством времени на Земле. Чтобы достичь этого, необходимо достаточное богатство и процветание, чтобы продолжать финансировать исследования, а также постоянная свобода для инноваций. На мой взгляд, Биткойн ещё на один шаг приближает нас к более технологически развитому будущему, в котором жизнь каждого человека станет лучше.

Эти убеждения не были уникальными для раннего Биткойн-сообщества. Онлайн-форумы и мессенджеры были центрами для дискуссий, и если бы вы посетили их, то увидели бы бесконечные обсуждения того, что Биткойн — это нечто большее, чем простая платежная система или спекулятивная инвестиция. Мы все знали, что эта технология может быть использована для кардинального улучшения мира. Брайан Армстронг, соучредитель и генеральный директор Coinbase, прекрасно отразил это настроение в статье под названием «Как цифровая валюта изменит мир», заявив:

> Цифровая валюта может стать самым эффективным спо-
> собом повышения экономической свободы, который
> когда-либо видел мир. Если это произойдёт, последствия
> будут огромными. Это может избавить многие страны от
> бедности, улучшить жизнь миллиардов людей, ускорить
> темпы развития инноваций в мире... уменьшить количе-
> ство войн, сделать беднейшие 10% населения более обе-
> спеченными, свергнуть коррумпированные правительства
> и повысить уровень счастья.[1]

Мой энтузиазм быстро перерос в евангелизм, и я получил прозви-
ще «Биткойн Иисус» за то, что проповедовал Евангелие от Биткойна всем, кто хотел слушать, и многим, кто не хотел. Мои друзья и семья, средства массовой информации и компании, которым я покровитель-
ствовал, слышали одно и то же послание: Биткойн — это быстрые, дешёвые, надёжные деньги, созданные для интернета. С его помо-
щью вы можете мгновенно отправить любую сумму денег в любую точку мира за один цент США или меньше. В действительности, в первые дни большинство транзакций с Биткойном были совершенно бесплатными и включали небольшую плату только в том случае, если ваши монеты были недавно переведены. Люди сразу поняли ценность такой технологии, независимо от их личных убеждений.

Одним из лучших маркетинговых ходов было просто заставить людей *использовать* Биткойн, поскольку пользовательский опыт был просто фантастическим по сравнению с другими платёжными системами. Я просил людей загрузить кошелёк на телефон, чтобы отправить им несколько долларов. После первой транзакции с использованием Биткойна нужно было всего несколько секунд, и вы слышали неизбежное «Вау!» после того, как новые пользователи были ошеломлены своим первым впечатлением.

К 2015 году Биткойн набрал такой оборот, что казалось, его уже не остановить. Известные компании, от Microsoft до Expedia, начали принимать его в качестве оплаты, и молодая индустрия росла в геометрической прогрессии. Успехи начали накапливаться. Венчурный капитал увеличился. Средства массовой информации стали позитивно освещать события. Биткойн начинал прямой полёт на Луну.

Провал запуска

Перенесёмся в сегодняшний день. Несмотря на громкое имя, Биткойн ещё не захватил мир. На самом деле, за заголовками и графиками цен скрывается мрачная правда: фактическое использование Биткойна снизилось с 2018 года, а многие компании и вовсе отказались от него в качестве средства оплаты. Неоднократно сеть давала сбои и становилась практически непригодной для использования из-за огромных комиссий за транзакции и ненадёжных платежей. В моменты перегрузки сети средняя комиссия может достигать более 50 долларов, а обработка транзакций может занимать дни или даже недели. И, пожалуй, хуже всего то, что эти сбои подтолкнули индустрию к принятию так называемых «*кастодиальных кошельков*», которые представляют собой просто счета клиентов, управляемые третьей стороной, подобно обычному банковскому счёту.

Массовое использование кастодиальных кошельков подрывает всю цель Биткойна, поскольку полный контроль передаётся третьей стороне, которая может цензурировать, отслеживать и даже конфисковывать монеты — как счета в Venmo. Мошенничество также становится проще. Например, когда в 2022 году рухнула биржа FTX, более миллиарда долларов клиентских средств мгновенно исчезли. Это стало возможным только потому, что FTX в конечном итоге контролировала деньги своих клиентов. Интеграция Биткойна в PayPal — ещё один яркий пример того, как пользователи переходят на кастодиальные кошельки вместо того, чтобы иметь полный контроль над своими средствами. Если люди будут пользоваться кастодиальными кошельками, Биткойн потеряет ключевое свойство, которое сделало его таким революционным.

Высокие комиссии, ненадёжные платежи, кастодиальные кошельки и сокращение случаев использования в коммерции — по другим показателям, кроме цены, Биткойн не улетел на Луну; он даже не сошёл с орбиты. Так что же произошло?

Официальная версия

Традиционное объяснение этих негативных тенденций заключается в том, что Биткойн стал жертвой собственного успеха. По мере роста популярности сеть исчерпала свои возможности. Присущие ей технологические ограничения привели к резкому росту комиссий, ненадёжности платежей, уходу магазинов и переходу индустрии к кастодиальным кошелькам. Вследствие этих проблем нарратив вокруг Биткойна сместился в сторону «цифрового золота» и «хранилища стоимости», а не цифровой валюты. Если Биткойн не предполагается использовать в повседневной коммерции, то не имеет значения, функционирует ли он как платёжная система.

Несмотря на то, что эти идеи часто повторяются в прессе и среди популярных комментаторов, они совершенно неверны. Реальная история гораздо более драматична. Биткойн был создан для использования в огромных масштабах и не столкнулся с присущими ему технологическими ограничениями. На самом деле проект был захвачен небольшой группой разработчиков программного обеспечения, которые переделали всю систему. Они намеренно ограничили её возможности и функциональность, а также открыто выступают за высокие комиссии и отставание в проведении транзакций — противоположность первоначальному замыслу.

Когда я рассказываю об этом людям сегодня, они часто думают, что я преувеличиваю, но разработчики говорят об этом сами. Например, влиятельный разработчик Биткойна Грег Максвелл совершенно открыто заявил: «Я не считаю, что комиссия за транзакции имеет значение — это не неудача, это успех!»[2] Марк Фриденбах, ещё один разработчик Биткойна, заявил, что «медленные платежи и высокие комиссии будут нормой при любом благополучном исходе»[3]. Когда в декабре 2017 года сеть почти остановилась, а средняя комиссия за транзакцию превысила 50 долларов, они отпраздновали это событие, "доставая шампанское"[4], и были рады перегруженности, утверждая, что постоянное наличие бэклога — это "необходимый критерий стабильности"[5].

Если бы вы сказали мне в 2012 году, что разработчики Биткойна в конечном итоге захотят высоких комиссий и медленных транзакций, я бы не поверил вам, как и ни один из ранних предпринимателей, которые помогли создать эту индустрию. Это просто нелепо. Дорогие транзакции и перегруженность сети не нужны для безопасности или стабильности. Наоборот, высокие комиссии и долгое время исполнения платежей подталкивают людей к использованию кастодиальных кошельков, а это в свою очередь подрывает весь смысл идеи Биткойна.

В текущих обстоятельствах Биткойн не может расширить возможности обычного человека. За последние несколько лет проект застопорился не из-за технологических сбоев, а из-за человеческих ошибок. В частности, плохого руководства и несовершенной модели управления. Когда я узнал о Биткойне в 2010 году, это было настолько захватывающе, что я почти чувствовал моральное обязательство рассказать о нём людям и поделиться хорошими новостями. Сегодня, учитывая произошедшие изменения, я чувствую моральное обязательство рассказать людям плохие новости: Биткойн был захвачен и больше не похож на первоначальный проект, вдохновивший меня и многих других. Но его история ещё не закончена.

Обходной путь

Оригинальный, масштабируемый дизайн Биткойна всё ещё существует, но он не торгуется на криптовалютных биржах под тикером BTC. Он называется «Bitcoin Cash» и торгуется как BCH. В течение многих лет разработчики BTC препятствовали развитию индустрии, пока в 2017 году не была создана новая сеть, призванная сохранить первоначальное видение Биткойна как цифровой валюты с низкими комиссиями, быстрыми транзакциями и отсутствием необходимости в кастодиальных кошельках. Сеть BCH гораздо менее известна, чем BTC, но она уже увеличила свою пропускную способность более чем в тридцать раз по сравнению с BTC и планирует продолжить расширение ещё в будущем.

События, приведшие к созданию Bitcoin Cash, были противоречивыми и с тех пор получили название «Гражданской войны Биткойна», и по сей день сообщества BTC и BCH часто враждебно относятся друг к другу. Если вы следите за Биткойном лишь вскользь, то слышали лишь версию событий от BTC-сообщества; эта книга рассказывает о другой точке зрения, она наполнена историческими подробностями, выдержками и цитатами других участников событий, которые разделяли видение Биткойна как цифровой валюты.

Чтобы разобраться, какие есть сети и группы, полезно установить чёткую терминологию. Сеть BTC часто называют «Bitcoin Core», а сеть BCH — «Bitcoin Cash». Именно эти термины будут использоваться далее. Слово «Биткойн» само по себе относится к технологии, которая используется в обеих сетях. И Bitcoin Core, и Bitcoin Cash используют технологию Биткойна и имеют одинаковую историю транзакций до их разделения в августе 2017 года. Разработчики Bitcoin Core решили отойти от первоначального дизайна, в то время как разработчики Bitcoin Cash придерживались его.

Избегание опасностей

Если эта технология действительно революционна, то она угрожает власти существующих финансовых и политических институтов. Но при нынешнем развитии событий, если ничего не изменится, эти институты ассимилируют криптовалюты и нейтрализуют их. Если Биткойн собирается сделать мир более свободным, то наше окно возможностей закрывается. Индустрия приближается к двум сценариям провала. Первый — это полный захват существующими финансовыми и регуляторными системами. Массовое внедрение кастодиальных кошельков делает это возможным, поскольку транзакции легко отслеживаются и контролируются, а правительства могут без труда заставить компании соблюдать требования.

Другой сценарий провала — люди просто сдадутся и откажутся от идеи создания цифровых денег, не подверженных инфляции. Я видел, как многие талантливые умы и компетентные бизнесмены преждевременно пришли к выводу, что Биткойн не может масштабироваться из-за провала Bitcoin Core. Этого разочарования можно избежать, если люди поймут, что оригинальная технология Биткойна всё ещё существует, хорошо работает и может масштабироваться для глобального принятия. Bitcoin Core просто отклонился от этой концепции. Прежде чем потерять веру в технологию блокчейн, предприниматели и разработчики должны сначала испытать её оригинальную версию. Я постоянно пробую новые криптовалюты, и Bitcoin Cash по-прежнему оставляет наилучшее впечатление спустя всё это время.

Поскольку Биткойн находится в области пересечения международных финансов, политической власти и революционных технологий, его история должна быть одной из самых драматичных во всех отраслях, и материала для неё хватит на несколько голливудских постановок. Эта книга — лишь одна из частей этой истории: захват процесса разработки Биткойна и последующее отделение Bitcoin Cash с точки зрения бизнесмена, который использовал эту технологию в коммерции, возможно, больше, чем кто-либо другой в мире.

2

Основы Биткойна

Мир переполнен плохой информацией о Биткойне, во многом благодаря силе социальных сетей. Честные расследования в сети не поощряются, и если любопытный ум задаёт неправильные вопросы или высказывает неправильное мнение, он может ожидать волну гневных комментариев, критикующих его интеллект, репутацию или даже бизнес. Биткойн-максималисты — те, кто утверждает, что BTC — единственная легитимная криптовалюта, — печально известны тем, что используют эту тактику. Они выкладывают список причин, по которым любой альтернативный проект вроде BCH является мошенничеством, настаивают на том, что спор уже решён, и ставят под сомнение здравомыслие любого, кто с ними не согласен. У большинства людей нет времени на расследование этих утверждений, да и не хочется становиться мишенью для онлайн-троллей, поэтому они в итоге принимают общепринятую версию.

Чтобы понять разницу между Bitcoin Core и Bitcoin Cash, мы

должны понять, как изначально создавался Биткойн. История может нам помочь, потому что создатель Биткойна, Сатоши Накамото, много раз публично рассказывал о своём изобретении, объясняя его дизайн. Другие великие умы и инженеры, пришедшие ему на смену, такие как Гэвин Андресен и Майк Хирн, также доходчиво объясняли основные идеи. Их работы, цитаты из которых приводятся в этой книге, обязательны к прочтению каждому, кто пытается понять Биткойн не только на поверхностном уровне. Прежде чем погрузиться глубже, полезно ознакомиться с тремя ключевыми понятиями: *блокчейн*, *майнеры* и *полные узлы*.

Блокчейн

Биткойн вращается вокруг технологии «блокчейн». Блокчейн — это просто публичная бухгалтерская книга, в которой хранятся все записи баланса Биткойн-кошельков, и она обновляется данными с новыми транзакциями примерно каждые десять минут. Эти новые транзакции упаковываются в «блоки», которые затем «соединяются» в цепочку, один за другим, образуя «блокчейн». Уникальность блокчейна заключается в том, что он не поддерживается централизованным органом. Нет какого-либо органа, который бы обрабатывал все транзакции или совершал записи в бухгалтерской книге. Вместо этого записи поддерживаются и обновляются децентрализованной сетью компьютеров по всему миру, что исключает возможность централизованного контроля или сбоя.

Сами блоки являются центральным элементом для понимания различных философий в Биткойне, которые можно условно разделить на два лагеря: сторонники больших блоков и сторонники маленьких блоков. Чем больше блоки, тем больше пропускная способность сети по транзакциям и тем больше ресурсов требуется для обработки каждого блока. Сторонники маленьких блоков хотят, чтобы блоки были маленькими, чтобы их мог обрабатывать каждый. Более подробно мы рассмотрим это различие позже.

Майнеры

Добавлять блоки в блокчейн может не каждый. Эту работу выполняют исключительно *майнеры*. Майнеры обновляют бухгалтерскую книгу, объединяя транзакции в блок, а затем добавляют специальное доказательство. Это доказательство представляет собой решение математической головоломки, которая настолько сложна, что для её решения требуется значительная компьютерная мощность. По всему миру существуют склады, заполненные специальными машинами, предназначенными для решения этих головоломок. Каждая из этих машин потребляет электроэнергию, а это значит, что быть майнером Биткойна стоит денег!

Майнеры получают финансовое вознаграждение за свои услуги с помощью двух механизмов: *комиссии за транзакции* и *вознаграждения за блок*. Комиссия за транзакции — это просто плата пользователей за добавление их транзакций в блок. Вознаграждение за блок — это способ добычи новых Биткойнов. Каждый раз, когда майнер добавляет блок в цепочку, он получает небольшое количество новых Биткойнов. Примерно раз в четыре года это вознаграждение сокращается вдвое. В первые дни майнеры получали по 50 новых Биткойнов за блок, но на момент написания книги вознаграждение за блок снизилось до 6,25 монеты. В конце концов, вознаграждение станет незначительным, и единственным источником дохода для майнеров останутся комиссии за транзакции.

Сторонники больших блоков считают, что майнеры выполняют важную функцию в индустрии Биткойна, защищая сеть от атак, поддерживая бухгалтерскую книгу и обрабатывая все транзакции. Майнеры часто инвестируют миллионы и даже десятки миллионов долларов в модернизацию более мощного оборудования. В 2018 году компания Bitmain объявила о планах построить крупнейший в мире майнинг-центр в Техасе и оценила общий объём инвестиций более чем в 500 миллионов долларов[1]. Майнинг Биткойнов требует больших инвестиций и затрат на обслуживание. Из-за этого большинство сторонников больших блоков считают, что майнеры должны иметь наибольшее влияние на развитие Биткойна. В зависимости от успеха монеты, которую они добывают, их вложения могут быть полностью потеряны или могут принести значительную прибыль. Поэтому у них есть серьёзный стимул следить за тем, чтобы Биткойн оставался полезным и ценным.

Сторонники малых блоков, как правило, относятся к майнерам более скептически или даже враждебно. Поскольку майнеры — единственные, кто может добавлять блоки в сеть, они обладают значительной властью и могут стать системной угрозой, если майнинг станет слишком централизованным. Если на рынке будут доминировать лишь несколько крупных игроков, это может привести к тому, что сам Биткойн станет слишком централизованным. Крупные майнинговые предприятия также создают политический риск для системы. Если правительства решат атаковать, регулировать или контролировать крупнейших майнеров, они смогут остановить или контролировать Биткойн. Роль майнеров — одно из главных разногласий, которое привело к расколу и формированию Bitcoin Cash.

Полные узлы

К счастью, если вы хотите использовать Биткойн, вам не нужно быть майнером или запускать сложное программное обеспечение.

Обычные пользователи могут получить доступ к сети более простыми способами. Сатоши Накамото описал метод упрощённой верификации платежей (УВП), который позволяет пользователям отправлять, получать и подтверждать собственные транзакции с минимальными усилиями. На протяжении большей части истории Биткойна большинство кошельков использовали либо УВП, либо другие подобные методы доступа к блокчейну. В BTC эта тенденция меняется на противоположную из-за распространения кастодиальных кошельков, но в BCH она остаётся нормой.

Есть и другой вариант доступа к сети Биткойн, который требует больше усилий. Некоторые пользователи запускают программное обеспечение «полный узел», которое загружает весь блокчейн и проверяет каждую транзакцию, которая когда-либо происходила. Весь блокчейн BTC содержит около 800 миллионов транзакций и в настоящее время имеет размер около 450 гигабайт. Пользователям, впервые запускающим программное обеспечение полного узла, может потребоваться несколько часов, чтобы синхронизироваться с остальной сетью. Кроме того, если полный узел отключается от сети, его нужно будет подгружать и проверять все последние блоки, чтобы снова использовать Биткойн. Вот почему УВП стало таким важным изобретением. Его использование практически не требует времени и усилий, но при этом обеспечивает отличную безопасность. УВП позволяет вам подтверждать собственные транзакции, в то время как полные узлы позволяют подтверждать все транзакции в блокчейне.

Пожалуй, самое большое различие между философиями больших и малых блоков заключается в роли полных узлов. Сторонники больших блоков считают, что подавляющее большинство операций в сети должно происходить между майнерами и лёгкими кошельками, использующими УВП или аналогичную технологию. Они считают, что полные узлы полезны только в особых случаях, когда нужно подтвердить транзакции многих людей за короткий промежуток времени, например, если вы управляете криптовалютной биржей или платёжным процессором. Поскольку сеть не выплачивает операторам полных узлов никакого финансового вознаграждения, а у большинства людей нет необходимости подтверждать чужие транзакции, у обычных пользователей нет стимула запускать такое мощное программное обеспечение. Сатоши был однозначным сторонником больших блоков, и, как он сказал, «дизайн позволяет пользователям просто быть пользователями».[2]

Сторонники малых блоков, напротив, считают, что полные узлы необходимы для сети. Они уверены, что пользователи должны сами управлять своими узлами, поэтому наличие небольших блоков крайне важно, так как стоимость управления узлом увеличивается с ростом размера блоков. Основная причина, по которой сторонники малых блоков утверждают, что Биткойн не может масштабироваться, заключается в том, что большие блоки обходятся операторам узлов дороже. Вместо того чтобы принять тот факт, что обычные пользователи не должны запускать полные узлы, они пришли к выводу, что Биткойн не может масштабироваться. С моей точки зрения, это одна из самых больших путаниц, связанных с Биткойном, и она будет подробно проанализирована.

Фундаментальная пятерка

О первоначальном видении Биткойна Сатоши Накамото было сказано немало. Сторонники этой идеи, такие как я и другие ранние последователи, считали, что он создал блестящую систему, которая доказала свою эффективность в реальном мире. Благодаря этому успеху мы не видели причин для её кардинального изменения. Критики первоначального видения считали, что Сатоши ошибся в некоторых ключевых областях и хотели изменить протокол соответствующим образом. Разработчики Bitcoin Core были такими критиками, несмотря на то что в конечном итоге они возглавили проект.

Биткойн-максималисты часто сравнивают приверженность первоначальному видению с некой слепой верой, в которой не допускаются никакие отклонения от основополагающих идей. Но это слабая критика. Желание придерживаться замысла Сатоши далеко не догматично. Биткойн — сложная система с множеством подвижных частей. Помимо программного обеспечения и компьютерной сети, это целая *экономическая* система, для понимания которой необходим экономический анализ. Если рассматривать не только экономические, но и программные компоненты, становится ясно, что Биткойн хорошо настроен и вмешательство извне нежелательно.

Вместо того чтобы масштабировать Биткойн за счёт увеличения размера блока для повышения пропускной способности транзакций, разработчики Core решили, что Биткойн должен масштабироваться за счёт использования нескольких слоёв. По их мнению, первый слой должен состоять из транзакций, которые будут записаны ончейн, на них строятся дополнительные слои. Эти дополнительные слои будут "вне цепи", то есть транзакции не будут записываться в блокчейн, что избавит от необходимости масштабировать базовый слой. Широко разрекламированная сеть Lightning Network является одним из таких вторых слоёв, но у неё есть множество фундаментальных проблем, которые подробно рассматриваются в главе 9. Одна из существенных проблем заключается в том, что для её использования необходимы транзакции ончейн. Чтобы просто подключиться к Lightning Network, необходимо совершить хотя бы одну транзакцию на базовом уровне, а это может стоить сотни долларов при высоком уровне загрузки BTC. Несмотря на то что это критический недостаток, решение проблемы пока не предложено.

Bitcoin Core ставит всё на жизнеспособность этих дополнительных уровней. Они перевернули первоначальную систему, сделав транзакции базового уровня медленными и дорогими, но не создали удовлетворительной альтернативы, обеспечивающей простые и надёжные платежи. Текущая версия Lightning Network не является ни надёжной, ни безопасной (именно поэтому самые популярные кошельки Lightning теперь являются кастодиальными). Таким образом, все надежды на то, что BTC станет деньгами будущего, дающими свободу, полностью зависят от технологии, которая ещё не создана.

На конференции в июле 2021 года Илон Маск также отметил, что пропускная способность транзакций BTC может быть проблемой, и подчеркнул важность идеи масштабирования криптовалюты путём увеличения размера её базового слоя:

> Есть определённые преимущества в том, чтобы рассмотреть что-то, что имеет более высокую максимальную скорость транзакций и более низкую стоимость транзакций, и посмотреть, как далеко вы можете зайти в одноуровневой сети... Я думаю, что вы можете пойти дальше, чем люди думают.[3]

Маск — видный сторонник BTC, но его интуиция инженера подсказывает, что философия BCH верна. Масштабирование базового слоя — правильная идея, и она всегда была частью первоначального дизайна.

Сатоши не был совершенен, но, как будет показано в последующих главах, его идеи убедительны, хорошо продуманы и заслуживают честного изучения. Его дизайн не требует сложности дополнительных слоёв, хотя они совместимы. Вместо того чтобы слепо следовать за каким-либо человеком, группой разработчиков или символом тикера, попробуйте оценить идеи по их собственным достоинствам.

Послушайте, как Сатоши создал Биткойн, послушайте разработчиков Core и сформируйте собственное мнение.

Различия между оригинальным дизайном и новым дизайном Bitcoin Core можно отразить с помощью пяти главных идей:

1) Биткойн был разработан как цифровая валюта, используемая для совершения платежей через Интернет.
2) Биткойн был разработан для того, чтобы иметь чрезвычайно низкие комиссии за транзакции.
3) Биткойн был разработан для масштабирования с увеличением размера блоков.
4) Биткойн не был создан для того, чтобы обычный пользователь мог управлять своим собственным узлом.
5) Экономический дизайн Биткойна так же важен, как и его программное обеспечение.

Каждый из этих пунктов является центральным в первоначальном видении Биткойна, которое разделяли Сатоши и другие участники. Но сегодня преобладающая точка зрения не совпадает ни с одним пунктом. Если вы слушаете комментаторов на телевидении или блогеров, авторов популярных подкастов, вы можете считать, что:

1) Биткойн был разработан как хранилище стоимости, даже если он не работает как средство обмена.
2) Предполагается, что у Биткойна высокие комиссии за транзакции.
3) Биткойн не масштабируется с увеличением размера блоков.
4) Безопасность Биткойна зависит от обычных пользователей, управляющих своими собственными узлами.
5) Экономический дизайн Биткойна был сломан и должен был быть исправлен инженерами-программистами.

Все это неверно. Даже если вам нравятся изменения, внесённые Bitcoin Core, историческая справка ясно показывает, что они радикально отличаются от первоначального дизайна. В следующих главах мы подробно рассмотрим каждое из этих утверждений.

3

Цифровые наличные для платежей

Интернет — это самый мощный инструмент распространения информации, который когда-либо видел мир. Люди могут узнать практически обо всём, используя Google, YouTube, Wikipedia и даже социальные сети. Однако эти каналы могут быть легко замусорены или даже предоставлять заведомо ложную точку зрения. Например, если вы упомянете криптовалюту в Twitter, вы гарантированно услышите от целой толпы случайных пользователей, которые будут рекламировать свою любимую монету и ругать все остальные. Если присмотреться, у многих из этих аккаунтов фальшивые фотографии профиля, нет подписчиков, и, похоже, они целыми днями пишут в Twitter о своих любимых криптопроектах. По отдельности они могут казаться неважными и беспомощными, но когда так поступают сотни или тысячи аккаунтов, это может повлиять на общественное мнение. Я убедился в этом на собственном опыте. Криптовалютная индустрия постоянно страдает от кампаний в социальных сетях и дезинформации в Интернете. В Биткойне эти методы имеют особенно уродливую историю.

И хотя эта тактика аморальна, она, несомненно, эффективна. Свидетельством эффективности риторики Bitcoin Core является то, что сейчас существуют разногласия и путаница в отношении самого назначения Биткойна. Вместо того чтобы быть признанной платёжной системой для повседневной торговли, о Биткойне говорят почти исключительно как о «хранилище стоимости», полезность которого не зависит от использования его в качестве наличных. Это утверждение можно услышать повсюду, даже от учёных. Описание популярной книги *The Bitcoin Standard* гласит:

> Реальное конкурентное преимущество Биткойна может заключаться в том, что он является хранилищем стоимости и сетью для окончательного расчёта по крупным платежам — цифровой формой золота со встроенной инфраструктурой расчётов.[1]

Мне нравилась аналогия с цифровым золотом, пока её не перевернули с ног на голову. Мы говорили, что Биткойн — это цифровое золото, поскольку его не может напечатать центральный банк и его можно мгновенно отправить в любую точку мира почти без затрат. Теперь же под «цифровым золотом» подразумевают обратное — Биткойн похож на золото из-за высоких комиссий на сделки и ограниченного использования как средства обмена. Вместо того чтобы подчёркивать сильные стороны золота, Биткойн ассоциируется с его слабыми сторонами.

Некоторые сторонники Bitcoin Core пошли ещё дальше. Вместо того чтобы просто утверждать, что Биткойн лучше выполняет роль хранилища ценности, чем платёжной системы, они заявляют, что

Биткойн был намеренно разработан как хранилище ценности, а не как средство обмена. По словам Дэна Хелда, директора по развитию бизнеса компании Kraken:

> Те, кто продвигают версию о том, что «Биткойн был создан в первую очередь для платежей», настойчиво и избирательно цитируют фразы из академической работы и сообщения на форуме, чтобы отстаивать свою точку зрения... Биткойн был специально создан, чтобы сначала стать хранилищем ценностей.[2]

Хотя это дерзкое утверждение может получить лайки в социальных сетях и похвалу от криптовалютных комментаторов, оно не выдерживает критики. Исторические факты свидетельствуют о том, что Биткойн был создан для повседневных платежей.

Словами Сатоши

Какие у нас есть доказательства того, что Биткойн специально создавался как платёжная система? Ну, всё, что его создатель написал на эту тему. Помимо основополагающего документа, в котором Биткойн был представлен миру, у нас есть сотни сообщений на форумах и более пятидесяти публичных писем Сатоши. Они рисуют чёткое видение технологии. Давайте начнём с научной работы, выпущенной в 2008 году, в которой впервые был представлен и описан Биткойн. Я рекомендую прочитать весь документ онлайн. Работа хорошо написана, и многие ключевые концепции можно понять без технических знаний. Мы проанализируем первые несколько разделов, начиная с заголовка:

Биткойн: система электронных денег без посредников.

Сатоши мог бы назвать её «электронным хранилищем ценностей», если бы именно так и задумывал, но вместо этого он назвал её системой электронных денег. Далее, самое первое предложение аннотации гласит:

> Версия электронных денег без посредников позволит отправлять онлайн-платежи напрямую от одной стороны к другой, минуя финансовые учреждения.[3]

«Онлайн-платежи» упоминаются буквально в первом предложении документа, представляющего миру Биткойн. После аннотации начинается введение:

> Торговля в Интернете стала почти полностью зависеть от финансовых учреждений, выступающих в качестве доверенной третьей стороны при обработке электронных платежей. Хотя эта система достаточно хорошо работает для большинства транзакций, она всё же страдает от недостатков, присущих модели, основанной на доверии...

В первых двух предложениях вступления Сатоши упоминает «коммерцию в интернете», «электронные платежи» и «транзакции». Далее он продолжает:

> Полностью необратимые транзакции на самом деле невозможны, поскольку финансовые учреждения не могут избежать посредничества в спорах. Стоимость посредничества увеличивает транзакционные издержки, ограничивая минимальный практический размер сделки и отсекая возможность для мелких случайных сделок, а более широкие издержки связаны с потерей возможности совершать необратимые платежи за необратимые услуги. С появлением возможности обратного платежа потребность в доверии возрастает... Этих издержек и неопределённости платежей можно избежать при личном использовании физической

валюты, но не существует механизма, позволяющего осуществлять платежи по каналу связи без доверенной стороны.

Другими словами, существующие методы онлайн-платежей имеют высокую стоимость транзакций из-за присущего системе доверия. Кредитные карты, PayPal и так далее — все они зависят от компаний с дорогостоящими механизмами разрешения споров. Эти издержки делают «мелкие случайные транзакции» в интернете фактически невозможными. В отличие от этого, платежи физическими наличными не требуют доверия к третьим лицам, но нет возможности использовать физические наличные в Интернете. Появляется Биткойн:

> Необходима электронная платёжная система, основанная не на доверии, а на криптографическом доказательстве, позволяющая двум заинтересованным сторонам совершать сделки напрямую друг с другом без участия доверенной третьей стороны. Транзакции, которые невозможно отменить, с помощью вычислений, защитят продавцов от мошенничества, а для защиты покупателей можно будет легко внедрить обычный механизм эскроу.

Другими словами, Биткойн похож на наличные деньги, потому что участники сделки могут обмениваться друг с другом напрямую, не прибегая к услугам посредников. В первых нескольких абзацах документа ясно сказано, что Биткойн — это «коммерция», «транзакции», «платежи», «магазины», «покупатели» и «продавцы». О «хранилище ценностей» в документе не упоминается ни слова.

Даже в электронных письмах Сатоши и сообщениях на форумах концепция Биткойна как хранилища стоимости встречается лишь несколько раз. Сэм Паттерсон, соучредитель криптовалютной компании OB1, написал популярную статью, в которой он отметил все упоминания Биткойна как платёжной системы, а не как хранилища стоимости. Он заключил:

> Изучив все труды Сатоши, я могу с уверенностью заявить, что Биткойн не был создан для того, чтобы сначала стать хранилищем ценностей. Он был создан для платежей... Сатоши упоминал о платежах в четыре раза чаще, чем о хранении ценностей... Этих доказательств может быть достаточно, чтобы вы не принимали во внимание утверждение «Биткойн был создан для того, чтобы сначала стать хранилищем ценностей». Я не могу представить, чтобы кто-то, честно взглянув на слова Сатоши, поверил, что он создал его не для платежей.[4]

Не только в научной работе ясно сказано, что Биткойн — это платежи. Сатоши не менее ясно выражался на онлайн-форумах:

> Биткойн подходит для более мелких транзакций, лучше чем существующие методы оплаты. Он достаточно мал, чтобы обеспечивать то, что можно назвать верхней частью диапазона микроплатежей.[5]

Микроплатежи

Насколько малы «микроплатежи»? Универсального определения не существует, но в данном контексте это транзакции меньше одного доллара США. Гэвин Андресен, разработчик, которого Сатоши выбрал в качестве своего преемника, поделился похожими мыслями:

> Я по-прежнему считаю, что сеть Биткойна — это неправильное решение для платежей меньше цента. Но я не вижу причин, по которым она не могла бы продолжать хорошо работать для платежей на небольшие суммы (от 1 до 0,01 доллара США).[6]

Раньше Биткойн считался практичным для транзакций в диапазоне от пары центов до пары долларов. Но с тех пор как комиссия за транзакции выросла, зачастую невозможно отправить такую маленькую транзакцию, поскольку комиссия в итоге оказывается больше, чем сама отправляемая сумма. Если у адреса Биткойна недостаточно средств для оплаты комиссии майнера, его фактически нельзя использовать. Сатоши подробно говорит о микроплатежах:

> Хотя я не думаю, что сейчас Биткойн практичен для небольших микроплатежей, со временем он станет таковым, поскольку стоимость хранения данных и пропускной способности каналов связи продолжает снижаться. Если Биткойн будет использоваться в больших масштабах, то, возможно, к тому времени это уже будет так. Ещё один способ сделать их более практичными — если я реализую режим «только для клиентов», а количество узлов сети объединится в меньшее число профессиональных серверных ферм. Какой бы размер микроплатежей вам ни понадобился, в конечном итоге они станут практичными. Думаю, через 5 или 10 лет пропускная способность и хранение данных покажутся тривиальными.[7]

Эта цитата интересна по двум причинам. Во-первых, Сатоши представляет себе, что Биткойн в конечном итоге будет использоваться для «любого размера микроплатежей, который вам нужен», а во-вторых, он предсказывает, что сетевая инфраструктура трансформируется в «профессиональные серверные фермы», что особенно актуально для дебатов о больших блоках.

> Как только Биткойн начнёт работать, появится множество способов применения, в частности вы сможете заплатить несколько центов веб-сайту с той же лёгкостью, будто опускаете монеты в торговый автомат.[8]

Сатоши хотел, чтобы Биткойн использовался для «лёгкой оплаты нескольких центов на веб-сайте». В противоположность этому вот что говорит разработчик Bitcoin Core Питер Тодд:

> Я был бы очень счастлив, если бы мог перевести деньги в любую точку мира, полностью освободившись от централизованного контроля, всего за 20 долларов. В равной степени я с радостью приму более централизованные методы перевода денег, когда я просто покупаю шоколадку.[9]

Видение Сатоши и Тодда несовместимы друг с другом, поскольку они расходятся во мнениях относительно приемлемого уровня комиссии более чем на три порядка. Комиссионные в размере $20 разрушают все возможности использования Биткойна, кроме переводов большой стоимости, — это своего рода крайность цифрового золота. У нас есть одна цитата Сатоши, в которой он напрямую сравнивает Биткойн с золотом. Он отвечал на вопросы об очевидной расточительности потребления электроэнергии для добычи Биткойна:

> Это та же ситуация, что и с золотом и золотодобычей. Предельные затраты на добычу золота имеют тенденцию оставаться на уровне цены золота. Добыча золота — это расточительство, но это расточительство гораздо меньшее, чем польза от того, что золото доступно в качестве средства обмена. Я думаю, что с Биткойном будет то же самое. Полезность обмена, возможного благодаря Биткойну, намного превысит стоимость используемой электроэнергии. Поэтому отсутствие Биткойна будет чистым расточительством.[10]

Золото используется в качестве аналогии, чтобы проиллюстрировать, что его полезность *как средства обмена* перевешивает затраты на его добычу. Иронично, если оглянуться назад.

В одном из сообщений на форуме также обсуждаются покупки

в торговом автомате, что подчёркивает способность Биткойна осуществлять мгновенные платежи небольшой стоимости. Поскольку мгновенные платежи не являются абсолютно безопасными, Сатоши предполагал, что платёжные процессоры возьмут на себя незначительные риски, чтобы справиться с ними:

> Я полагаю, что компания, занимающаяся обработкой платежей, сможет предоставлять в качестве услуги быстрое распространение транзакций с достаточно хорошей проверкой за 10 секунд или меньше.[11]

Он был прав, и оказалось, что процессорам Биткойн-платежей требуется всего пара секунд, чтобы провести достаточную проверку.

Все о коммерции

На форумах можно найти множество подобных обсуждений использования Биткойна в коммерции. Сатоши и другие говорили о создании интерфейсов для онлайн-магазинов[12], инструментов для физических магазинов[13], транзакций в точках продаж[14], случаев, когда клиент не хочет использовать кредитную карту[15], хранения небольших сумм Биткойна на мобильных устройствах для случайных расходов,[16] и так далее. Нет никаких сомнений в том, что Сатоши планировал использовать Биткойн для платежей, даже таких небольших, как несколько центов. На самом деле, первоначальная версия 0.1.0 содержала незаконченный код для торговой площадки без посредников и даже базовую основу для виртуального покера.

Биткойн-индустрия в целом тоже строилась, основываясь на принципе, что Биткойн — это быстрая, дешевая и надежная платёжная система для интернета. Успешные компании, такие как BitPay, крупнейший в мире процессор Биткойн-платежей, столкнулись с тем, что вся их бизнес-модель была поставлена под сомнение из-за необоснованно высоких комиссий. В одном из интервью в 2017 году генеральный директор Стивен Пэйр сказал:

> В компании BitPay блокчейн Биткойна перестал работать... и у нас есть несколько вариантов. Первый — начать использовать форк Биткойна. Второй вариант — мы начнём использовать форк Биткойна. И третий вариант — мы начинаем использовать форк Биткойна. Мы действительно находимся в безвыходном положении, и мы должны это сделать.[17]

По этой причине BitPay стала одной из первых компаний, интегрировавших Bitcoin Cash после раскола. Брайан Армстронг, генеральный директор Coinbase, также разделял видение Биткойна как цифровой валюты для всего мира, и в интервью 2017 года он объяснил, почему неспособность BTC масштабироваться «разбила ему сердце».

> Причина моего увлечения Биткойном и цифровыми валютами заключается в том, что я хочу, чтобы в мире существовала открытая финансовая система... где все платежи были бы быстрыми, дешевыми, мгновенными и без границ... А Биткойн в итоге оказался неспособным к масштабированию.[18]

Далее он объясняет, что другие проекты, такие как Bitcoin Cash, с большей вероятностью достигнут этой цели:

> Я считаю, что вы могли бы управлять сетью Биткойн, даже с таким объёмом транзакций как у Visa, за комиссии на два-три порядка меньше, чем Visa берёт сегодня. Таким образом, отправка всех платежей в мире могла бы стоить порядка одного цента или даже меньше...
>
> Но я думаю, что другие сети, такие как Bitcoin Cash или Ethereum, работают над этим, и поэтому это видение будет

реализовано, но было немного обидно не увидеть, что первоначальный Биткойн достигнет этого.

Мнение Армстронга было распространённым среди первых Биткойн-предпринимателей и вообще первых пользователей Биткойна. Я помню, как интернет-сообщество часто сравнивало Биткойн с Western Union, чтобы подчеркнуть его превосходство в качестве платёжной системы. В одной из самых популярных инфографик (на фото ниже) реклама Western Union была помещена рядом с аналогичной рекламой Биткойна. Реклама Western Union гласила: «Отправьте тёплые пожелания сегодня. Всего за 5 долларов вы можете отправить до 50 долларов с доставкой по США. "Перемещаем деньги к лучшему"». Реклама Биткойна гласила: «Отправляйте тёплые пожелания 24 часа в сутки 7 дней в неделю. Всего за 0,01 доллара вы можете отправить любую сумму и получить её в любой точке мира. "Перемещаем деньги гораздо лучше"».

Рисунок 1: Ранняя инфографика, сравнивающая Western Union и Биткойн.

На сайте Bitcoin.org также рассказывалось о преимуществах использования Биткойна в повседневной коммерции. В архивной версии 2010 года говорилось, что «транзакции с использованием Биткойна практически бесплатны, в то время как кредитные карты и системы онлайн-платежей обычно стоят 1-5% за транзакцию плюс различные другие комиссии продавцов, достигающие сотен долларов». Даже в 2015 году сайт рекламировал «нулевые или низкие комиссии за обработку»[19] и «мгновенные транзакции без посредников».[20]

Предположить, что Биткойн никогда не создавался для повседневных платежей, — дерзкая попытка переписать историю. Любой честный человек, участвовавший в проекте до 2014 года, подтвердит, что изначально планировалось создать недорогую цифровую денежную систему. Люди, которые считали, что Биткойн должен быть дорогим, эксклюзивным хранилищем ценностей, были в крайнем меньшинстве.

4

Хранилище стоимости или средство обмена

Настоящее преимущество Биткойна заключается в том,
что он является надежным инструментом сохранения стоимости...
а не в его способности предоставлять безграничные
или дешевые транзакции.[1]

— Сайфедеан Аммус, *The Bitcoin Standard*

Удивительно, что так много людей некритично восприняли идею о том, что Биткойн будет сохранять стоимость, даже если он не будет работать как цифровая валюта. Скорее всего, верно прямо противоположное: если Биткойн сможет доказать, что является лучшей валютой в течение длительного периода времени, то рынок может принять его в качестве хранилища стоимости. Но для этого потребуются годы демонстрации полезности и стабильности. Называть любую существующую криптовалюту «надежным долгосрочным хранилищем стоимости» преждевременно, учитывая дикие колебания цен, которые происходят регулярно. Тот факт, что BTC значительно вырос в цене за последние десять лет, не означает, что он является хранилищем ценности.

Не трогайте его

Сайфедеан Аммус придерживается одной из самых радикальных версий «максимализма цифрового золота». Он представляет будущее, в котором обычные люди даже не будут прикасаться к блокчейну, а транзакции на цепочке будут предназначены только для очень крупных переводов. В книге *The Bitcoin Standard* он пишет:

> Биткойн можно рассматривать как новую резервную валюту для онлайн-транзакций, где онлайн-эквивалент банков будет выдавать пользователям токены, обеспеченные Биткойнами, а свои запасы Биткойнов хранить в холодном хранилище...[2]

А в онлайн-дискуссии он пишет:

> Биткойн-платежи ончейн — не для магазинов, они для центральных банков. На базе Биткойна можно построить все платежные сети мира, но расчеты будут осуществляться ончейн. BTC — это как золото центрального банка при золотом стандарте.[3]

Похожие идеи разделяет известный комментатор Биткойна Туур Деместер:

> При должном развитии использование блокчейна Биткойна станет таким же редким и специфическим, как фрахтование нефтяного танкера.[4]

Сейчас эти идеи обсуждаются так, как будто они всегда были доминирующим видением. Но по сравнению с первоначальным проектом они дикие и ненужные. Я, конечно, никогда не подписывался на такую версию Биткойна, как и бесчисленное множество других предпринимателей, с которыми я работал в первые дни. На самом деле, главная прелесть Биткойна заключается именно в том, что блокчейн доступен всем, а не только банкирам. Как и многие другие публичные личности, уверенно говорящие о Биткойне, Аммус и Деместер просто предполагают, что дополнительные слои без проблем решат проблемы с удобством использования BTC. Однако, если взглянуть на технологии второго слоя, их жизнеспособность остается под вопросом, особенно если базовый слой не масштабируется. Эти проблемы часто не осознаются энтузиастами BTC, которые вместо этого верят, что инженеры все исправят в будущем, несмотря на то что у них мало что получается на данный момент.

Более того, будущее «токенов, обеспеченных Биткойном», — это гарантия того, что произвольная инфляция будет и дальше мучить тех из нас, кто не является центральным банком. История показывает, что валюты неизбежно теряют свою поддержку со временем, и если люди вынуждены торговать обещаниями Биткойна вместо реального Биткойна, то это лишь вопрос времени, пока обещания не будут раздуты до уровня, значительно превышающего реальное предложение Биткойна. Вторые слои только облегчают эту инфляцию.

Смена повествования

В Биткойн-сообществе в течение нескольких лет происходило смещение повествования от цифровых денег к хранилищу стоимости. Даже в 2016 году большинство сторонников Биткойна все еще говорили о технологии как об онлайн-валюте — или, как они любили ее называть, «волшебные интернет-деньги», — поэтому каждый раз, когда очередная компания объявляла о том, что принимает Биткойн к оплате, начинались празднования. С каждым новым магазином, Биткойн становился все более авторитетным и полезным. Но после скачка комиссии за платежи в конце 2017 года, вместо того чтобы признать наличие проблемы, самые влиятельные сторонники BTC начали ловко менять точку зрения: мол, если Биткойн — это только хранилище стоимости, то высокие комиссии не имеют значения. В последние годы людей даже призывали не тратить свои монеты в коммерческих целях, потому что BTC можно покупать и хранить бесконечно долго. Я цинично отношусь к идее «купить, хранить и никогда не использовать», это отличный способ поднять цену, создав искусственный дефицит. Если достаточно людей убедить в том, что они могут разбогатеть, покупая и удерживая актив с конечным предложением, экстремальный рост цен будет неизбежным результатом.

По моему мнению, единственная надежда криптовалюты стать настоящим хранилищем стоимости — это *ее полезность в реальном мире*. Криптовалюта должна быть более полезной, чем другие денежные системы, доставшиеся нам по наследству, а высокие комиссии за переводы сразу же подрывают полезность любой монеты. Если бы BTC была единственной доступной криптовалютой, то, возможно, она еще могла бы работать в качестве хранилища стоимости, но поскольку на рынке есть из чего выбирать, маловероятно, что самая медленная, дорогая и наименее масштабируемая криптовалюта в итоге будет выбрана в качестве надежного долгосрочного хранилища стоимости. Например, Bitcoin Cash обладает практически всеми свойствами Bitcoin Core, более того, вы можете использовать её в качестве цифровой валюты. В долгосрочной перспективе рынок в конце концов поймет, что он платит чрезвычайно высокие комиссионные за BTC без всякой причины, поскольку тот же самый продукт может быть предложен за меньшую цену.

Экономика хранения ценности

Чтобы увидеть проблемы, связанные с идеей использования как лишь «хранилища стоимости», мы должны глубже погрузиться в экономику. Мне повезло, что я рано познакомился с Австрийской Школой Экономики. Такие великие мыслители, как Людвиг фон Мизес и Мюррей Ротбард, помогли мне понять мир через призму экономики, и я знал, что Биткойн станет популярным, потому что ранее читал их рассуждения о деньгах. Я видел, что Биткойн обладает свойствами чрезвычайно качественных денег, а это означало, что я должен немедленно купить несколько штук.

Потенциал Биткойна как хранилища стоимости — интересная экономическая загадка. Да и само понятие стоимости — интересная загадка, которая веками ставила экономистов в тупик. Почему вообще что-либо имеет ценность? Один из выводов Австрийской Школы Экономической, который с тех пор вошел в мейнстрим экономики, заключается в том, что ценность субъективна. Ценность не находится в материальных товарах, она находится в человеческом сознании. Вещи не обладают ценностью сами по себе. Мы придаем им ценность, потому что считаем, что их можно использовать для удовлетворения наших желаний.

«Хранилище ценности» не может в прямом смысле «хранить» ценности, как если бы это был физический ящик, в который ценности помещаются для последующего извлечения. Скорее, если что-то является хранилищем ценности, это означает, что оно уже давно ценится людьми. И благодаря успешной истории люди имеют все основания полагать, что оно будет цениться и в будущем. Таким образом, оно сохраняет свою покупательную способность с течением времени. Многие вещи используются для хранения ценности. Например, крупный рогатый скот долгое время служил хранилищем ценности.

У людей есть все основания полагать, что скот можно использовать для удовлетворения своих желаний. Его можно доить, есть, использовать для работы на ферме и многое другое. Благодаря этой полезности, если вы захотите продать свой скот, вы наверняка найдете покупателей. Недвижимость — еще один популярный способ сохранения ценности с хорошей репутацией. У людей есть все основания полагать, что владение землей принесет им пользу. Они могут жить на этой земле, использовать ее для производства продуктов питания, развивать ее, сдавать в аренду и так далее. Скорее всего, и через тысячу лет скот и недвижимость будут по-прежнему цениться людьми. Самым популярным хранилищем ценности являются *деньги*.

Деньги как экономическое явление несколько сложнее, чем скот или недвижимость. Чтобы понять его, нам необходимо усвоить еще одно понятие: разницу между *прямым* и *непрямым обменом*. Представьте себе ситуацию, когда фермер разводит кур, а по соседству с ним живет портной, который производит рубашки. Если фермеру нужна рубашка, а портному — пара кур, они могут вступить в простейший вид экономического обмена, который называется «прямой обмен» или «бартер», когда фермер напрямую обменивает своих кур на рубашку портного. Бартер, как правило, не очень удобен и неэффективен, так как требует от обеих сторон конкретного желания получить предмет, которым торгует другой человек. Если бы вместо рубашки фермеру нужны были туфли, обмен бы не состоялся.

В отличие от бартера, «косвенный обмен» происходит, когда обмениваемые товары не являются конечными товарами. Так, фермер может обменять своих кур на бензин не потому, что ему нужен бензин, а потому, что он может обменять бензин у портного на желаемую рубашку. В этой ситуации мы бы назвали бензин «средством обмена» — промежуточным этапом между фермером и конечным товаром, который он желает получить.

Средства обмена — удивительная вещь. Они позволяют огромным сетям людей торговать и сотрудничать без необходимости знать друг друга, говорить на одном языке или разделять одни и те же предпочтения. Самым популярным средством обмена в экономике являются *деньги*, и они, по сути, позволяют обменять любой товар на любой другой. Фермер может превратить своих кур в Ламборджини, если сначала обменяет достаточное их количество на деньги.

С помощью денег гораздо легче планировать, экономить и инвестировать. Фермер может продать своих цыплят летом за деньги, которые он планирует использовать зимой. Или же он может вложить свои деньги в проекты, которые принесут прибыль. Без денег управлять инвестициями гораздо сложнее — фермеру придется искать проекты, которые принимают цыплят непосредственно в качестве инвестиций. Используя деньги, он может продать своих цыплят, скажем, за евро, а затем вложить эти евро в другие проекты. Действительно, деньги — это прекрасное изобретение, которое делает всех нас богаче.

Деньги также являются отличным хранилищем стоимости. Австрийская школа экономики дает наилучшее объяснение этому. Согласно Людвигу фон Мизесу:

> Функции денег как передатчика стоимости во времени и пространстве также могут быть напрямую связаны с их функцией средства обмена. [5]

К такому же выводу пришел и Мюррей Ротбард:

> Во многих учебниках говорится, что деньги выполняют несколько функций: средство обмена, способ ведения учета, или «мера ценностей», «хранилище стоимости» и т. д. Но должно быть ясно, что все эти функции являются лишь методами одной большой функции — средства обмена. [6]

Другими словами, именно *потому, что* деньги являются общепринятым средством обмена, они хранят ценность. Таким образом, если Биткойн должен быть деньгами, то утверждать, что он может хранить ценность, не являясь средством обмена, значит ставить телегу впереди лошади.

Можно думать о «хранении ценностей» как о способе прогнозирования. Вы пытаетесь угадать, какие товары будут цениться в будущем. Если что-то полезно для людей — например, недвижимость, — оно, скорее всего, будет цениться. Если что-то уже используется в качестве средства обмена — например, бумажная валюта, — это верный признак того, что она будет цениться и в будущем. Это не гарантия, поскольку мы знаем случаи, когда бумажная валюта обесценивается из-за раздувания денежной массы центральными банками, но это все же положительный сигнал.

Если люди менее уверены в том, что что-то будет использоваться в качестве средства обмена в будущем, они с меньшей вероятностью будут использовать это в качестве хранилища ценности. Представьте, что вы живете на острове, где в качестве средства обмена обычно используются морские ракушки. Однажды вы слышите по радио, что новое революционное исследование показало, что ракушки опасно держать в руках и они могут вызвать рак. Вы ожидаете, что гораздо меньше людей будут принимать эти ракушки в качестве средства обмена, а значит, они станут худшим хранилищем ценности. Даже если исследование было ошибочным и ракушки не вызывают рак, простого убеждения общественности в том, что они *могут* вызывать рак, достаточно, чтобы превратить функционирующие деньги в нечто бесполезное. Сбои в работе сети Bitcoin Core в 2017 и 2021 годах и последующие отказы компаний от его использования в качестве платежного средства дают основания сомневаться в том, что BTC может работать как средство обмена, что снижает вероятность его превращения в реальное хранилище ценности в будущем.

Деньги и ценность

Хотя все деньги хранят ценность, не все хранилища ценности являются деньгами. Скот и недвижимость часто считаются хранилищами ценности, не являясь деньгами, поскольку они имеют другое, неденежное назначение. В связи с этим возникает ключевой вопрос: похож ли Биткойн на деньги, которые хранят ценность, поскольку используются в качестве средства обмена, или же Биткойн похож на скот и недвижимость, которые хранят ценность по немонетарным причинам? В 2010 году Сатоши обсуждал эту тему на форумах, где люди спорили о том, как Биткойн может приобрести ценность и почему. Он написал:

> В качестве эксперимента представьте, что существует некий металл, такой же редкий, как золото, но обладающий следующими свойствами:
>
> - обычного серого цвета
> - плохой проводник электричества
> - не особенно прочный, но и не вязкий и легко податливый.
> - не пригодный ни для каких практических или декоративных целей
> - и одно особенное, волшебное свойство: может передаваться по каналу связи
>
> Если бы он по какой-то причине приобрел хоть какую-то ценность, то любой человек, желающий передать богатство на большое расстояние, мог бы купить его, передать, а получатель продать.
>
> Возможно, он мог бы набрать начальную стоимость

циклично, как вы предположили, благодаря людям, предвидящим его потенциальную полезность для обмена. (Я бы определенно купил). Может быть, коллекционеры, или любая случайная причина может послужить толчком к этому.

Я думаю, что традиционная классификация денег была составлена в рамках убеждения, что в мире существует множество конкурирующих товаров, которые являются дефицитными, и что товар с наличием преимущества себестоимости обязательно опередит те, которые себестоимости не имеют. Но если бы в мире не было ничего, что обладало бы себестоимостью, что можно было бы использовать в качестве денег, а были бы только дефицитные, но не обладающие себестоимостью товары, я думаю, люди все равно выбрали бы что-нибудь.[7]

Это замечательная цитата по нескольким причинам. Во-первых, в данном контексте Сатоши использует термин «себестоимость» для обозначения неденежной потребительской стоимости. Золото и серебро, например, являются отличными средствами обмена, а также могут использоваться в промышленности. Табак и соль, другие исторические средства обмена, можно потреблять напрямую. Биткойн действительно имеет некоторую неденежную ценность, о чем будет рассказано ниже, но мысленный эксперимент Сатоши показывает, что *даже если бы* Биткойн не имел никакой неденежной пользы, одного факта, что он дефицитен и может быть отправлен по каналу связи — то есть стоимость транзакции крайне низка — было бы достаточно, чтобы придать ему ценность из-за «его потенциальной полезности для обмена». Другими словами, Сатоши считал, что Биткойн может сам создать свою стоимость, если люди поймут, что он может стать отличным средством обмена. Это делает Биткойн довольно уникальным изобретением. Это специально созданная платежная система, использующая валюту, которая была разработана таким образом, чтобы обладать лучшими денежными свойствами, чем все существующие деньги.

Другие способы использования

На первый взгляд кажется, что с Биткойном нельзя ничего сделать, кроме как отправить кому-то. Но у него есть и другие возможности. Блокчейн Биткойна — это публичная онлайн-бухгалтерия, которая поддерживается децентрализованной сетью компьютеров, а транзакции Биткойна становятся записями в этой бухгалтерии. Данные функции могут быть использованы в различных неденежных целях. Например, блокчейн можно использовать для хранения ценных данных, хотя это значительно дороже, чем другие способы хранения информации. Новые компании, работающие в сфере социальных сетей, используют эту функцию для создания платформ без цензуры на блокчейне. Другими сферами применения могут быть реестры активов, новые системы голосования или проверка личности для повышения безопасности в Интернете. По сравнению с полезностью Биткойна как общей платежной системы эти способы применения кажутся малозначимыми, но они существуют.

Думать, что Биткойн можно считать хранилищем ценности из-за его немонетарных свойств, все равно что считать долларовые купюры хранилищем ценности, потому что их можно использовать в качестве хвороста или туалетной бумаги. Хотя такая польза и существует, она ничтожна по сравнению с ценностью безопасного, международного средства обмена. Сатоши понимал, что способность Биткойна к пересылке — это главная особенность, которая придает ему ценность. Однако эта особенность была намеренно уничтожена разработчиками Bitcoin Core в результате чего BTC практически не имеет уникального преимущества по сравнению с другими крипто-валютами. Другие монеты не только имеют более низкие комиссии, но и превосходят Биткойн по немонетарной функциональности.

Учитывая субъективную природу ценности, можно *предположить*, что рынок может выбрать BTC в качестве хранилища ценности. Но также возможно, что рынок выберет в качестве хранилища ценности старые вонючие спортивные носки. Возможно, но маловероятно. Разумнее считать, что криптовалюта, имеющая наилучшие шансы стать хранилищем ценности, должна усилить все свои положительные свойства и минимизировать отрицательные. Неудобные и дорогие транзакции — не самая желательная черта любого хранилища ценности или средства обмена. Известный интернет-предприниматель Ким Дотком, основатель MegaUpload, выразил схожие чувства в беседе в январе 2020 года, сказав:

> Чтобы стать очень успешной криптовалютой, вам нужно обеспечить быстрые и дешевые транзакции, без этого никак не обойтись. Приятно быть хранилищем ценности, но если вы действительно хотите преуспеть, вам нужно быть электронными деньгами.

Ким также отметил, что подавляющее большинство людей до сих пор не имеют опыта использования криптовалют, и для того, чтобы привлечь их, необходимо, чтобы комиссии были низкими, а надежность — высокой.

> Большинство людей ничего не знают о текущих войнах и о токсичности внутри криптосообщества. Они выбирают ту валюту, которая дает им самые дешевые комиссии, самые быстрые транзакции, наибольшую надежность, и в настоящее время, к сожалению, это не Биткойн.[8]

Представьте себе криптовалюту, обладающую всеми свойствами BTC, но в дополнение к этому позволяющую проводить мгновенные, почти бесплатные транзакции по всему миру и являющуюся специально созданным средством обмена для XXI века. Ее полезность была бы на порядки выше, чем у валюты без этой функциональности. Таков был первоначальный план создания Биткойна, и он остается планом для Bitcoin Cash и других криптовалют.

5

Ограничение размера блока

Если бы вы сказали мне в 2011 году, что в 2017 году мы не увеличим размер блока,
я бы ответил: «Этого не может быть».[1]

— Стивен Пэйр, генеральный директор BitPay

Один-единственный технический параметр позволил разработчикам Bitcoin Core превратить Биткойн в совсем другой проект: «ограничение размера блока». Ограничение по размеру блока — это просто максимальный размер блока, допустимый в сети. Помните, что транзакции объединяются в блоки, поэтому чем больше транзакций, тем больше блоки. Это делает ограничение размера блоков фактически максимальным ограничением пропускной способности Биткойна. Bitcoin Core использовал крошечный лимит размера блоков, чтобы искусственно ограничить пропускную способность сети до малой части её потенциала.

Ограничение размера блока не должно было быть важным параметром, и оно не должно было быть достигнуто. Размер блока должен был оставаться намного выше среднего. Блоки никогда не должны были быть полностью заполнены, за редким исключением.

Требуется дополнительное пространство

Полный блок означает, что транзакций, которые необходимо обработать, больше, чем может поместиться в одном блоке, что немедленно приводит к росту комиссий и образованию задержек. В настоящее время один блок BTC вмещает 2 000–3 000 транзакций и создается каждые десять минут. Если 18 000 человек пытаются совершить одну транзакцию в течение десяти минут, то для обработки всех транзакций сети потребуется не менее шести блоков. Это один час на обработку каждой транзакции в очереди. Если 150 000 человек пытаются использовать Биткойн одновременно, то для обработки всех транзакций потребуется не менее пятидесяти блоков. Это более восьми часов ожидания.

Задержка обработки — не единственная проблема при перегрузке сети. Когда блоки переполнены, комиссия начинает расти. Более высокая комиссия не гарантирует, что ваша транзакция будет обработана быстро; она лишь позволяет вам сократить очередь перед другими транзакциями. Поскольку сеть не может обрабатывать более 3 000 транзакций в одном блоке, образуется очередь. Повышение комиссии увеличивает шанс того, что майнеры включат вашу транзакцию в следующий блок, но если достаточно людей заплатят больше, чем вы, ваша транзакция будет отодвинута дальше в очереди. Это приводит к росту платы и создает ужасные условия для пользователей. Как только блоки переполняются, комиссия может вырасти с десяти центов до доллара, затем до пяти, десяти, двадцати, пятидесяти долларов или даже больше, если эту комиссию готовы платить достаточное количество людей. Во время скачков платы в 2017 и 2021 годах некоторые сложные транзакции стоили более 1000 долларов, и в итоге мне пришлось платить несколько раз. Быстрый поиск в блокчейне транзакций с комиссией от 900 до 1100 долларов дает почти 35 000 результатов.[2]

Биткойн часто сравнивают с электронной почтой за его способность мгновенно соединять людей через интернет. Представьте себе, что электронная почта не могла бы выдержать 150 000 человек и требовала бы восемь часов на отправку и получение сообщений. Это, несомненно, считалось бы досадным недостатком системы. Однако при таких сбоях в сети транзакции могут зависнуть на несколько дней, а то и на целую неделю на пике нагрузки. Именно поэтому предполагалось, что предельный размер блока будет намного превышать спрос на транзакции, как отдаленное техническое ограничение, которое не повлияет на функциональность системы. Биткойн будет масштабироваться по мере использования, а лимит будет либо увеличен, либо вообще снят.

Разрешение блокам расти естественным образом позволило бы сохранить Биткойн в качестве цифровой денежной системы с низкими комиссиями за транзакции и всеобщим доступом к блокчейну. Но разработчики Core хотели превратить Биткойн в расчетную систему для крупных переводов, поэтому они отказались увеличивать размер блока. Единственная причина, по которой комиссии выросли до астрономических уровней, а сеть стала ненадежной, заключалась в том, что блоки были слишком малы, чтобы удовлетворить спрос.

Бесчисленное множество разработчиков, предпринимателей и энтузиастов знали, что лимит размера блока необходимо увеличить. Они знали, что переполненные блоки приведут к ужасному пользовательскому опыту, и видели, что блоки становятся все более заполненными по мере роста популярности Биткойна. Однако, несмотря на бесконечные споры и просьбы пользователей, разработчики Core отказались увеличить лимит. Они до сих пор не смогли значительно увеличить максимальную пропускную способность транзакций по сравнению с уровнем 2010 года. Одна фотография на вашем смартфоне по размеру больше целого блока BTC, иногда значительно больше, в зависимости от качества изображения. В конечном итоге это повлекло раскол в криптовалютной индустрии и стало причиной создания Bitcoin Cash.

Причина ограничения размера блока

К тому времени, когда Сатоши Накамото покинул Биткойн, над проектом работало множество увлеченных и талантливых разработчиков, но двое из них были исключительными: Гэвин Андресен и Майк Хирн. Сатоши выбрал Андресена в качестве своего преемника и ведущего разработчика проекта. Естественно, он также был сторонником больших блоков. На протяжении многих лет он писал в своем блоге[3] популярные статьи о Биткойне и масштабировании, культуре разработчиков, экономике и других темах.[4] Он был мягким человеком, возможно, даже в ущерб себе. Хирн, напротив, был более прямолинейным разработчиком, который более открыто выступал против сторонников малых блоков, которые, по его мнению, подрывали проект. Его предыдущий опыт работы был особенно важен. Хирн ушел из Google, чтобы работать над Биткойном. Работая в Google, он три года занимался планированием пропускной способности Google Maps — одного из самых популярных сайтов в мире. Таким образом, он был хорошо знаком с проблемами пропускной способности сети. Как и Сатоши, Андресен и Хирн были сторонниками больших блоков и не считали, что у Биткойна будут проблемы с масштабированием. В своих сообщениях в блогах, электронных письмах, беседах на форумах и публичных интервью Андресен и Хирн лучше, чем кто-либо другой, отразили первоначальное видение Биткойна. Их комментарии рекомендуются к прочтению и цитируются в этой книге.

Когда писался первоначальный код Биткойна, не было четкого

ограничения на размер блоков, которые можно было бы создавать. Все изменилось в 2010 году, когда Сатоши добавил ограничение на размер блока, чтобы предотвратить потенциальную атаку типа «отказ в обслуживании», пока Биткойн был еще молод. В своем блоге Гэвин Андресен объяснил причины первоначального ограничения:

> "... Ограничения были введены для предотвращения атаки «ядовитого блока» на отказ в обслуживании сети. Мы должны были беспокоиться об атаках типа «отказ в обслуживании», пока они были недороги для злоумышленника... Атака, которую блокировало это ограничение, сегодня стоит гораздо дороже..."

> 15 июля 2010 года на бирже торговалось около одиннадцати тысяч Биткойнов по средней цене около трех центов за штуку. Вознаграждение за блок тогда составляло 50 BTC, поэтому майнеры могли продать блок монет примерно за 1,50 доллара.

> Это дает приблизительное представление о том, во сколько злоумышленнику обойдется создание «ядовитого блока» для нарушения работы сети — доллар или два. Многие люди готовы потратить доллар или два «ради забавы» — им нравится доставлять неприятности, и они готовы потратить либо много времени, либо скромную сумму денег, чтобы доставить неприятности.[5]

Первоначальный лимит был установлен на уровне одного мегабайта, что позволяло теоретически ограничиться семью транзакциями в секунду. На практике реальный лимит составляет около трех-четырех транзакций в секунду, что соответствует 2000-3000 транзакций на цепочке за блок — намного выше фактического использования сети в те дни. Планировалось просто увеличить лимит или полностью его отменить. Андресен отметил на форумах:

С самого начала планировалось поддерживать огромные блоки. Жесткое ограничение в 1 МБ всегда было временной мерой по предотвращению отказа в обслуживании.[6]

Рэй Диллинджер, еще один ранний сторонник Биткойна, сказал то же самое:

Я тот парень, который изучил блокчейн в первой версии кода Биткойна, созданной Сатоши. У Сатоши не было ограничения в 1 МБ. Изначально ограничение было идеей Хэла Финни. И Сатоши, и я возражали, говорили, что оно не будет масштабироваться с 1 МБ. Однако Хэл был обеспокоен потенциальной DoS-атакой, и после обсуждения Сатоши согласился... Но все трое согласились, что ограничение в 1 МБ должно быть временным, потому что иначе оно никогда не будет масштабироваться.[7]

Единодушное согласие Сатоши, Хэла и Рэя особенно интересно, поскольку Хэл Финни часто считается сторонником небольших блоков. Но даже он согласился с тем, что ограничение в 1 МБ должно быть временным. Однако по сей день разработчики Bitcoin Core отказываются существенно увеличить размер блоков сверх первоначального уровня, установленного в 2010 году, несмотря на масштабные улучшения в программном обеспечении, оборудовании и сетевых технологиях. Практически все крупнейшие компании индустрии неоднократно пытались увеличить лимит, но разработчики Core отказались, даже после публичного согласия на увеличение. Вместо этого они изменили метрику размера блока на «вес блока» и заявили, что новый лимит составляет 4 МБ, но это в значительной мере трюк и не соответствует увеличению пропускной способности в четыре раза.

Искаженный дизайн

Простой причиной, по которой разработчики Core отказались увеличить лимит, — заключается в том, что они хотели изменить дизайн Биткойна. Чем быстрее заполнятся блоки, тем быстрее вырастут комиссии за транзакции, они считали это желательным. Жорж Тимон, разработчик Core, заявил: «Я согласен с тем, что увеличение лимита не только не плохо, но и даже хорошо для такого молодого и незрелого рынка, как комиссии Биткойна».[8] А Грег Максвелл прямо заявил: «Нет ничего плохого в полностью заполненных блоках... Заполненные блоки — это естественное состояние системы».[9]

Чтобы понять, насколько радикальны эти идеи, сравните их с идеями, с которыми вы могли бы столкнуться в первые дни существования Биткойна, когда сеть Visa часто использовалась в качестве сравнения по пропускной способности транзакций. Еще в 2009 году Сатоши спросили о способности Биткойна к масштабированию, и он ответил:

> Существующая сеть кредитных карт Visa обрабатывает около 15 миллионов интернет-покупок в день по всему миру. Биткойн уже может обработать гораздо больше, чем это, используя существующее оборудование за долю стоимости. Он никогда не достигнет потолка масштабирования.[10]

Это было общепринятым пониманием в течение многих лет. Хотя сегодня мы бы назвали это частью «видения Сатоши», тогда это было почти всеобщим видением. Например, если бы вы изучали Биткойн в 2013 году, то, скорее всего, наткнулись бы на его страницу в Wiki. Вот что говорилось в разделе «Масштабируемость»:

Основная сеть Биткойн может масштабироваться до гораздо более высоких объемов транзакций, чем сегодня, при условии, что узлы сети работают в основном на высококлассных серверах, а не на настольных компьютерах. Биткойн был разработан для поддержки легких клиентов, которые обрабатывают только небольшие части цепочки блоков...

Конфигурация, в которой подавляющее большинство пользователей синхронизируют легковесные клиенты с более мощными магистральными узлами, способна масштабироваться до миллионов пользователей и десятков тысяч транзакций в секунду...

Сегодня сеть Биткойна ограничена устойчивой скоростью в 7 транзакций в секунду благодаря некоторым искусственным ограничениям. Они были введены для того, чтобы не дать людям увеличить размер цепочки блоков до того, как сеть и сообщество будут к этому готовы. Как только эти ограничения будут сняты, максимальная скорость транзакций значительно возрастет... При очень высокой скорости транзакций размер каждого блока может превышать пол гигабайта.[11]

Это было общеизвестно. Все понимали, что система рассчитана на масштабирование с помощью больших блоков, и это даже не вызывало споров. Андресен заявил, что масштабируемость Биткойна была частью той причины, которая привела его в проект:

Когда я впервые услышал о Биткойне, он был достаточно небольшим проектом, чтобы я мог прочитать все, и я прочитал, включая все эти сообщения в рассылке. Обещание системы, которая по масштабам может сравниться с Visa, — это часть того видения, которое помогло мне выбрать Биткойн.[12]

В 2013 году Visa обрабатывала, в среднем, около 2 000 транзакций в секунду. Чтобы получить 2 000 транзакций в секунду в Биткойне, блоки должны были быть примерно по 500 МБ, что является вполне возможным объемом. Современные мобильные телефоны могут легко записывать и загружать HD-видео размером в 1 гигабайт, что в несколько раз превышает размер блока Биткойна, содержащего более миллиона транзакций. Масштабирование до такого уровня требует большего, чем простое увеличение максимального размера блока, но нет никаких фундаментальных причин, почему это нельзя сделать. На самом деле Bitcoin Cash уже успешно создал несколько блоков размером 32 МБ, а недавнее ответвление Bitcoin Cash, Bitcoin SV, даже создало блок размером 2 ГБ. Эти сети не сломались. У Сатоши был простой и окончательный ответ на вопросы о размере блоков:

> Было бы неплохо, чтобы файлы блокчейна оставались небольшими, пока это возможно. Конечное решение будет заключаться в том, чтобы не беспокоиться о том, насколько большими они станут.[13]

Высокие тарифы и медленные транзакции

Зачем разработчикам Bitcoin Core высокие комиссии? Для начинающего энтузиаста Биткойна или даже для обычного человека очевидно, что это плохая идея. Но на самом деле высокие комиссии — это неизбежный результат философии сторонников малых блоков. Чтобы понять почему, нам нужно более внимательно проанализировать систему. Как объяснялось в главе 2, майнеры получают вознаграждение двумя способами. Они получают комиссионные за обработку транзакций и вознаграждение за новый блок. Поскольку вознаграждение за блок со временем уменьшается, единственным источником дохода в конечном итоге будут транзакционные сборы. А поскольку разработчики Bitcoin Core стремятся к созданию малых блоков, единственный способ для майнеров заработать в их системе — это чрезвычайно высокие комиссии за транзакции. Биткойн не может работать без оплаты труда майнеров, а если они могут обрабатывать только 3 000 транзакций в одном блоке, то для поддержания безопасности комиссии должны составлять сотни или тысячи долларов за транзакцию. Разработчик Bitcoin Core Жорж Тимон открыто говорил об этой проблеме:

> В долгосрочной перспективе Биткойну нужен конкурентный рынок комиссий, чтобы поддерживать [доказательство работы] после сокращения вознаграждений [за блок]. Я очень рад, что теперь он у нас есть....[14]

Питер Вуйль, другой Bitcoin Core разработчик, сказал:

> Мое личное мнение заключается в том, что мы, как сообщество, должны позволить рынку комиссий развиваться, и чем раньше тем лучше.[15]

Они тактично называют задержки транзакций и высокие комиссии «рынком комиссий», где пользователи торгуются друг с другом за крошечное пространство внутри блоков. И эта странная и ненужная модель безопасности является поводом для празднования, где разработчики Core хвалят высокие комиссии и медленные транзакции. Грег Максвелл заявляет:

> Бремя комиссии является преднамеренной частью дизайна системы и, насколько мы понимаем, необходимо для ее долгосрочного выживания. Так что, да. Это хорошо.[16]

А когда в декабре 2017 года плата выросла до 25 долларов, Максвелл пресловуто отреагировал:

> Лично я пью шампанское за то, что поведение рынка действительно обеспечивает уровень активности, позволяющий оплачивать безопасность без инфляции, а также создает очередь на оплату комиссий, необходимых для стабилизации прогресса консенсуса по мере уменьшения вознаграждений за блоки.[17]

Конечно, Сатоши Накамото не разрабатывал Биткойн таким образом. Предполагалось, что майнеры будут окупать свои затраты за счет обработки большого количества низкооплачиваемых транзакций в больших блоках. На форумах Сатоши спросили о долгосрочной модели доходов для майнеров. Он объяснил:

> Через несколько десятилетий, когда вознаграждение станет слишком маленьким, плата за транзакции станет основным вознаграждением для майнеров. Я уверен, что через 20 лет объем транзакций будет либо очень большой, либо его не будет вообще.[18]

Заметьте, он не сказал: «Через 20 лет будет либо большой объем транзакций, либо маленький объем с чрезвычайно высокими комиссионными за транзакции». Это показалось бы сомнительным любому здравомыслящему человеку. Он предсказал либо большой объем, либо его полное отсутствие.

Новый Биткойн

Искусственно ограничив размер блока, разработчики Bitcoin Core нашли способ полностью изменить динамику системы. Мало того, что пользовательский опыт изменился с «почти мгновенных и бесплатных транзакций» на «дорогие и ненадежные транзакции», радикально изменилась и базовая экономическая модель. BTC теперь делает ставку на то, что будущие пользователи будут готовы платить сотни или тысячи долларов за транзакцию на цепочке, несмотря на наличие более совершенных альтернатив. В противном случае майнерам придется закрыть большую часть своего оборудования, потому что оно не будет приносить прибыль.

Учитывая это — не будет преувеличением сказать, что BTC был захвачен, а первоначальный дизайн был заменен на новый, спекулятивный. Именно поэтому Виталик Бутерин, сооснователь Ethereum, публично заявил:

> Я считаю BCH «законным» претендентом на имя Биткойна. Я считаю, что неспособность Биткойна увеличить размер блока, чтобы сохранить разумные комиссии, является большим (несогласованным) изменением «первоначального плана», что с моральной точки зрения равносильно хард форку.[19]

Неспособность Bitcoin Core увеличить лимит размера блоков не была просто научной. Она имела реальные последствия для бизнесов, работающих на Биткойне или просто принимающих его к оплате. После скачка комиссий в 2017 году индустрия Биткойна впервые столкнулась с проблемой отторжения. Когда популярная игровая платформа Steam объявила о том, что больше не принимает Биткойн, она публично объяснила причины этого[20]:

> С сегодняшнего дня Steam больше не будет поддерживать Биткойн в качестве способа оплаты на нашей платформе из-за высоких комиссий и волатильности стоимости Биткойн... [Комиссия за транзакции, взимаемая с клиента

сетью Биткойн, резко выросла в этом году и на прошлой неделе достигла почти $20 за транзакцию (по сравнению с примерно $0,20, когда мы первоначально добавили Биткойн)]...

При оформлении заказа в Steam покупатель переводит сумму Х Биткойнов за стоимость игры, плюс У сумму Биткойнов для покрытия комиссии за транзакцию, взимаемой сетью Биткойн. Стоимость Биткойна гарантируется только на определенный период времени, поэтому если транзакция не будет завершена в течение этого времени, то сумма Биткойна, необходимая для покрытия транзакции, может измениться. В последнее время сумма может измениться настолько, что может значительно отличаться.

Обычным решением в этом случае является либо возврат пользователю первоначального платежа, либо просьба перевести дополнительные средства для покрытия оставшегося баланса. В обоих случаях пользователь снова оплачивает комиссию за транзакцию в сети Биткойн. В этом году мы наблюдали, как все большее число клиентов попадает в такое положение. Поскольку комиссия за транзакцию сейчас так высока, возвращать деньги или просить клиента перевести недостающий баланс нецелесообразно (что само по себе чревато повторной недоплатой, в зависимости от того, насколько изменится стоимость Биткойна, пока сеть Биткойн будет обрабатывать дополнительный перевод).

На данный момент поддержка Биткойна как способа оплаты стала невозможной. Мы можем пересмотреть вопрос о том, имеет ли Биткойн смысл для нас и для сообщества Steam, позднее...

— Команда Steam

Невозможно винить Steam за их решение. Попытка использовать Биткойн, когда блоки переполнены, могла стать ужасным опытом. Клиенты, желающие получить возврат, гарантированно потеряют деньги. Если они возвращают деньги за игру стоимостью 30 долларов, а комиссия за транзакцию стоит 10 долларов, пользователи могут потерять 20 долларов и ничего не получить. На мой взгляд, если бы вы хотели сломать Биткойн, лучшим способом было бы заполнять блоки записями о транзакциях до отказа. Если бы высокие комиссии и задержки в обработке были вызваны техническим сбоем, это, возможно, было бы лучше для Биткойна, поскольку это новая технология и проблему можно было бы считать случайностью. Но вместо этого общественности внушили, что высокие комиссии — это вполне нормально, что не стоит использовать Биткойн для повседневных покупок и что блокчейн на самом деле не может масштабироваться.

У сторонников BTC есть несколько стандартных ответов на эту критику. Если они не знают, что высокие комиссии являются частью намеренного редизайна Биткойна, они часто любят говорить: «На самом деле комиссии — это не проблема. Посмотрите, в этот самый момент комиссии низкие!» Но это слабый аргумент. В любой момент времени плата за пользование BTC может быть низкой, но только потому, что в сети мало трафика. Если её будет использовать больше людей, то загрузка быстро увеличится, и плата снова подскочит. Это похоже на автомобильное движение. Если в три часа ночи дороги пустые, это не значит, что Лос-Анджелес решил свои проблемы с пробками. Если блоки BTC не заполнены, то сборы будут низкими, но если блоки будут заполнены и активность возрастёт, то сборы неизбежно вырастут до экстремальных уровней.

А что насчет вторых слоев?

Другая попытка оправдать философию малых блоков заключается в обращении ко вторым слоям, поскольку, если большинство транзакций происходит вне цепи, то, возможно, на вторых слоях комиссии могут быть низкими. Хотя в Биткойне действительно имеет смысл создавать несколько уровней, для правильной работы базовый уровень должен быть масштабируемым. Если базовый уровень может обрабатывать только семь транзакций в секунду, он даже близко не будет достаточно надежным для создания дополнительных уровней. Вторые уровни все равно должны взаимодействовать с базовым, поэтому высокие комиссии остаются фундаментальной проблемой. Например, для использования Lightning Network все еще требуются периодические транзакции на первом уровне цепи, и комиссии за записи на первом уровне кто-то должен оплачивать. Сейчас многие популярные кошельки субсидируют эти расходы для своих пользователей, но если плата в $50+ станет нормой, такая модель будет просто нежизнеспособной.

Илон Маск — один из тех, кто, похоже, понимает ценность масштабирования базового уровня для криптовалют. В своем Twitter, посвященном дизайну сети, он как инженер поделился мыслями:

> BTC и ETH используют многоуровневую систему транзакций, но скорость транзакций на базовом уровне медленная, а стоимость транзакций высокая... Есть смысл в увеличении скорости транзакций на базовом уровне и минимизации стоимости транзакций... Размер и частота блоков должны постоянно увеличиваться, чтобы поддерживать высокую пропускную способность.[21]

Если бы Маск был в то время рядом, похоже, он согласился бы с Сатоши, Андресеном, Хирном и большинством первых предпринимателей, использовавших Биткойн, таких как я. Замены для дешевых транзакций на цепочке не существует.

Техническим параметром, который в итоге разделил Биткойн на две части, стал лимит размера блока. До того как блоки стали заполняться, доля BTC на рынке криптовалют составляла около 95%. Как только блоки начали заполняться, доля рынка быстро сократилась. На пике сбоя сети в январе 2018 года она упала до 32%, и многие пользователи, бизнесы и разработчики полностью покинули BTC. По состоянию на март 2023 года доля рынка BTC составляет около 40% и, скорее всего, снова упадет при новых сбоях в сети. Если бы разработчики Bitcoin Core просто увеличили лимит размера блока до разумного уровня, я уверен, что многие конкурирующие криптовалютные проекты просто не существовали бы, индустрия осталась бы объединенной вокруг одной монеты, а BTC продолжал бы оставаться главной цифровой денежной системой в интернете. Вместо этого разработчики Bitcoin Core переключились на расчетную систему с высокими комиссиями и ненадежными транзакциями, оставив для цифровой валюты пустое место, которое до сих пор не заполнено.

6

Пресловутые узлы

Б иткойн был разработан для масштабирования с помощью больших блоков. Так почему же кто-то считает, что большие блоки — это проблема? Хотя невозможно узнать внутренние мотивы разработчиков Bitcoin Core, в этой главе мы рассмотрим заявленные ими причины, по которым блоки остаются малыми. Все возражения против больших блоков вращаются вокруг одной основной идеи: с увеличением размера блока увеличивается и стоимость запуска полного узла. Чем дороже содержание узла, тем меньше людей будут иметь возможность управлять им, и тем более централизованной станет сеть. Таким образом, благодаря тому, что блоки остаются малыми, больше людей могут управлять узлами, что позволяет сохранить децентрализованность сети. Разработчик Bitcoin Core Владимир ван дер Лаан четко сформулировал это в 2015 году:

> Я понимаю преимущества масштабирования, я не сомневаюсь, что увеличение размера блока будет *работать*. Хотя могут возникнуть непредвиденные проблемы, я

уверен, что они будут решены. Однако это может сделать Биткойн менее полезным в том, что отличает его от других систем: возможность для людей „быть собственным банком" без особых инвестиций в связь и вычислительное оборудование.[1]

С этой идеей связано несколько проблем. В первую очередь, идея о том, что пользователям нужно запускать собственные полные узлы, чтобы «быть собственным банком», неверна. Биткойн был разработан таким образом, чтобы обычным людям *не нужно* было запускать свои собственные полные узлы. Они могут использовать более легкое программное обеспечение. Помните, что полный узел загружает копию всего блокчейна и проверяет каждую транзакцию в сети. В этом нет необходимости почти ни для кого. Сатоши разработал Биткойн с учетом упрощенной верификации платежей (УВП), которая позволяет пользователям проверять собственные транзакции с помощью небольшого количества данных. Используя УВП, вы не сможете проверить транзакции другого человека, как и не сможете проверить все транзакции, которые когда-либо совершались, но у большинства людей нет причин, чтобы делать это. Сатоши не был настолько глуп, чтобы разрабатывать денежную систему, в которой каждый пользователь должен был загружать и проверять транзакции всего мира. Такая система никак не сможет масштабироваться.

Во-вторых, тот факт, что стоимость проверки увеличивается с ростом размера блоков, не является проблемой. Сатоши не мог выразиться яснее, когда писал:

> Текущая система, в которой каждый пользователь является сетевым узлом, не предназначена для крупномасштабной конфигурации. Это было бы, как если бы каждый Usenet-пользователь запустил свой собственный

NNTP-сервер. Дизайн позволяет пользователям просто быть пользователями. Чем больше нагрузка на узел, тем меньше их будет. Эти несколько узлов будут большими серверными фермами. Остальные будут клиентскими узлами, которые только выполняют транзакции и не генерируют.[2]

А также когда он заявил:

Только людям, которые пытаются создать новые монеты, потребуется запускать сетевые узлы. Поначалу большинство пользователей будут управлять сетевыми узлами, но по мере того, как сеть будет расти дальше определенного предела, она будет все больше и больше переходить в руки специалистов с серверными фермами и специальным оборудованием.[3]

Сатоши говорил настолько ясно, что его слова невозможно неверно интерпретировать. В его идее был огромный смысл. В любой отрасли бизнесы специализируются в том, что у них получается лучше всего. Обслуживание сети Биткойна ничем не отличается в данном случае. Сатоши представлял себе «большие серверные фермы» в центре сети, к которым будут подключаться обычные пользователи. Можно не соглашаться с этой идеей, но именно так и был задуман Биткойн. Это аналог электронной почты. Технически любой человек может создать свой собственный почтовый сервер и подключиться к глобальной почтовой сети. Но зачем? Его сложно настроить и поддерживать, и у подавляющего большинства людей нет причин делать это. Поэтому в большинстве случаев мы оставляем это специалистам.

Мнение большинства

Гэвин, Майк и Сатоши были не единственными, кто так думал. Ранние форумы переполнены сообщениями других разработчиков и пользователей, которые также понимали, что система не требует от большинства запуска собственного узла. Алан Рейнер, создавший популярный кошелек Armory, сказал в 2015 г.:

> Цели „глобальная сеть транзакций" и „каждый должен иметь возможность запустить полноценный узел на своем ноутбуке Dell за 200 долларов" несовместимы. Мы должны признать, что глобальная система транзакций не может быть полностью/постоянно проверена каждым человеком и его матерью.[4]

Даже сторонники Bitcoin Core признали, что их взгляд на ноды сильно отличается от первоначального. "Theymos" — это псевдоним владельца самых популярных дискуссионных платформ для Биткойна, который впоследствии сыграл центральную роль в цензуре сторонников больших блоков, признал:

> Сатоши определенно намеревался увеличить жесткий максимальный размер блока... Я считаю, что Сатоши ожидал, что большинство людей будут использовать что-то вроде легкого узла, и только компании и настоящие энтузиасты будут использовать полные узлы. Мнение Майка Хирна схоже с мнением Сатоши.[5]

Более того, даже не совсем ясно, уменьшится ли общее число людей, управляющих узлами, если затраты возрастут. Общее число *любителей*, управляющих узлами, будет меньше, но если бы Биткойн стал новой финансовой сетью мира, тысячи компаний имели бы финансовый стимул для запуска собственных узлов. Как говорит Сатоши в научной работе:

> Бизнесы, которые часто получают платежи, вероятно, все же захотят запустить собственные узлы для более независимой безопасности и быстрой проверки.[6]

Религия полного узла

Давайте углубимся в причины, по которым сторонники малых блоков считают, что полные узлы так важны. На странице Bitcoin Wiki есть статья о полных узлах, которая хорошо объясняет их философию. Этот длинный отрывок — отличное резюме:

> Полные узлы составляют основу сети. Если бы все использовали легкие узлы, Биткойн не смог бы существовать... Легкие узлы делают все, что скажет большинство майнеров. Поэтому, если бы большинство майнеров объединились, чтобы, например, увеличить вознаграждение за блок, легкие узлы слепо согласились бы с этим. Если бы это произошло, сеть раскололась бы так, что легкие и полные узлы оказались бы в разных сетях, использующих разные валюты...
>
> Если все предприятия и многие пользователи держат полные узлы, то такое разделение сети не является критической проблемой, потому что пользователи легких клиентов быстро заметят, что они не могут отправлять или получать Биткойны от/к большинству людей, с которыми они обычно ведут бизнес, и поэтому они перестанут использовать Биткойн, пока злые майнеры не будут побеждены...
>
> Однако если в этой ситуации почти все в сети использу-

ют легкие узлы, то все продолжат совершать транзакции друг с другом, а значит, Биткойн вполне может оказаться „захваченным" злобными майнерами. На практике майнеры вряд ли будут пытаться осуществить что-то подобное описанному выше сценарию, пока в сети распространены полные узлы, потому что они потеряют много денег.

Но стимулы полностью меняются, если все будут использовать легкие узлы. В этом случае у майнеров определенно есть стимул изменить правила Биткойна в свою пользу. Использование легкого узла является достаточно безопасным, потому что большая часть экономики Биткойна используют полные узлы. Поэтому для выживания Биткойна очень важно, чтобы подавляющее большинство экономики Биткойна поддерживалось полными, а не легкими узлами.[7]

Эти идеи стали ортодоксальными. Тот, кто пытается разобраться в Биткойне сегодня, может даже не знать, что эта статья сильно предвзята и придерживается точки зрения сторонников малых блоков, с которой сам создатель Биткойна не согласился бы. Здесь есть два основных момента:

1) У майнеров есть стимул «захватывать» Биткойн, изменяя правила в свою пользу, например, увеличивая вознаграждение за блок.

2) Майнерам не позволяют случайно менять правила, потому что полные узлы не «слепо подчиняются» большинству майнеров.

Оба эти утверждения неверны. Во-первых, у майнеров нет стимула произвольно менять правила Биткойна. На первый взгляд может показаться, что майнеры могут получать прибыль от создания новых монет из воздуха. Однако при этом упускается из виду причина, по которой Биткойн вообще имеет ценность. У Биткойна нет себестоимости; ценность возникает благодаря сложной сети убеждений, которые люди имеют обо всей сети Биткойн. Если бы майнеры решили добыть миллиард новых Биткойнов для себя, они бы уничтожили базовое доверие к системе, что уничтожило бы ценность каждого Биткойна. У них может быть еще миллиард Биткойнов, но каждый из них не будет ничего стоить. Майк Хирн понимал эту динамику:

> Рациональные майнеры не должны подрывать основы своего собственного богатства. Делать вещи, которые значительно снижают полезность системы, очевидно, даже в среднесрочной перспективе, потому что это приведет к тому, что люди просто откажутся от системы и с отвращением продадут свои монеты, снизив цену. Думаю, будет справедливо сказать, что невозможность лично покупать такие базовые вещи, как еда или напитки, снизила бы полезность Биткойна для многих.[8]

Хирн понимал, что майнеры не представляют угрозы для системы. Майнеры *меньше* всего заинтересованы в том, чтобы ломать Биткойн, поскольку их единственный доход — это плата за транзакции и вознаграждение за блок, которые выражаются в Биткойнах, которые должны быть проданы на рынке.

Второе основное утверждение статьи в Wiki — это то, что полные узлы могут каким-то образом предотвратить изменение правил сети. Это невозможно. Помните, что полные узлы не могут добавлять блоки в цепь. Они могут только проверять, действительны ли блоки и транзакции. Представьте, что в протоколе обнаружена новая ошибка, которая существенно ломает Биткойн, и программное обеспечение должно быть обновлено за короткий промежуток времени. Майнеры обновятся немедленно, поскольку их прибыль зависит от работы сети. Но что произойдет, если все остальные, у

кого есть полные узлы, не обновят их? Помешают ли майнерам обновляться вообще? Вовсе нет. Майнеры продолжали бы исправно
добавлять блоки в цепочку, а полные узлы просто отделились бы от
основной сети и создали свою собственную новую сеть. Если в их
новой сети не будет майнеров, они даже не смогут добавлять новые
блоки в свою цепь, и никакие транзакции не будут обрабатываться.
Это повод *использовать* легкие кошельки, так как вы не рискуете
быть отделенными от основной сети.

Полные узлы не имеют власти, чтобы ограничить майнеров и не
дать им изменить правила. Но правильнее будет сказать, что у них
есть возможность *уведомлять* людей о том, что правила изменились.
Согласно статье в Wiki, «злым майнерам» мешает изменить правила
то, что они знают, что полные узлы остановят их, и как только мир
узнает об их злых делах, ценность всей системы будет уничтожена.
Поэтому бдительное око полных узлов держит майнеров в узде. В
поверхностном смысле это верно. Майнеры действительно заинтересованы в том, чтобы не менять правила Биткойна произвольно,
потому что это уничтожит стоимость их монет. Однако для того,
чтобы уведомить людей о том, что правила изменились, не нужна
большая сеть полных узлов. Для этого достаточно одного честного
майнера или даже одного честного узла. Любой человек может доказать всему миру, что конкретный блок или транзакция не соответствует старым правилам. Даже если 100% майнеров были в сговоре,
один-единственный честный узел все равно сможет доказать, что
правила изменились. Это означает, что любой майнер, предприятие,
криптовалютная биржа, исследователь или платежный процессор
могут доказать, что правила изменились. Таким образом, гарантируется, что все узнают об этом.

Однако было бы чрезмерным упрощением утверждать, что полные
узлы буквально не имеют власти, поскольку не все узлы созданы оди-

наковыми. Некоторые операторы полных узлов являются значимыми экономическими субъектами. Если любитель, управляющий узлом в своем подвале, будет вычеркнут из сети, это не имеет значения. А вот если выкинут крупный бизнес или криптовалютную биржу, это будет иметь значение, и стоимость монеты может пострадать. Таким образом, у майнеров есть серьезный стимул убедиться, что соответствующие экономические субъекты поддерживают предлагаемые ими изменения.

Честные и нечестные майнеры

Также было бы чрезмерным упрощением утверждать, что майнеры никогда не могли бы представлять риск для целостности Биткойна. Существует один четкий сценарий, при котором действия майнеров могут нанести ущерб. Как объясняется в техническом описании, Биткойн требует, чтобы большинство майнинговых мощностей — также называемых «хэшрейтом» — были честными, то есть не пытались намеренно разрушить систему. Честные майнеры стремятся получить прибыль, увеличивая полезность монеты и размер сети. Нечестные или злонамеренные майнеры, с другой стороны, представляют собой угрозу иного рода. Биткойн был специально разработан для работы даже среди нечестных майнеров, но только если они составляют меньшинство. Если бы большинство хешрейтов стали нечестными, то у Биткойна действительно возникли бы проблемы. Например, если враждебное правительство возьмет под контроль большинство хешрейтов, работа Биткойна может быть нарушена. Но даже при таком сценарии полные узлы не обеспечивают никакой защиты. Поскольку они не могут ни добавлять блоки в цепочку, ни контролировать поведение майнеров, они просто будут отброшены от основной сети. Как бы ни старался полный узел, у него просто не хватит сил спасти сеть с большинством нечестных майнеров.

Тот факт, что Биткойн требует, чтобы большая часть хешрейта была честной, не является уникальным недостатком дизайна. Все блокчейны, работающие по принципу proof-of-work, имеют такую же уязвимость. Реальная защита от нечестных майнеров — экономическая. Это стоимость майнинга. Чем дороже становится майнинг, тем выше издержки для недобросовестных участников, пытающихся получить большую часть хешрейта. Поэтому чем успешнее становится Биткойн, тем выше общий уровень его безопасности. Правительства, как правило, являются единственными, кто представляет реальную угрозу получения большинства вредоносного хешрейта, поскольку им не приходится действовать в рамках ограничений, связанных с прибылью и убытками. Если бы хорошо финансируемый государственный субъект попытался взломать Биткойн таким образом, сеть столкнулась бы с реальной проблемой, независимо от количества полноценных узлов.

Исторические факты очевидны. Биткойн не был создан для того, чтобы обычные пользователи могли управлять своими собственными узлами. Сатоши неоднократно открыто заявлял об этом, говоря:

> В проекте описывается легкий клиент, которому не нужна полная цепочка блоков... он называется УВП. Легкий клиент может отправлять и получать транзакции, он просто не может генерировать блоки. Ему не нужно доверять узлу для проверки платежей, он может проверять их сам.[9]

Масштабирование всегда было возможно с помощью больших блоков, а инфраструктуру должны были поддерживать специализированные «серверные фермы». Несмотря на это, разработчики Bitcoin Core посчитали, что дизайн Сатоши им не нравится, и решили, что могут улучшить его, заставив обычных пользователей загружать весь блокчейн и проверять каждую транзакцию, которая проходит по нему, даже если у них нет в этом финансовой заинтересованности. В настоящее время эта идея является основной в сети BTC, и именно по этой причине пропускная способность транзакций ограничена, а комиссии высоки.

7

Реальная стоимость больших блоков

«Я хочу иметь возможность запускать полный узел с моего домашнего компьютера». Кому это надо? Сатоши об этом не думал. Он считал, что в домашних условиях пользователи будут запускать узлы УВП, а полные узлы размещались в центрах обработки данных.[1]

—Гэвин Андресен, 2015 г.

Ч резмерное беспокойство по поводу стоимости больших блоков выглядит иррациональным, если проанализировать цифры. Не нужно делать никаких дополнительных расчетов, чтобы понять, что Биткойн может масштабироваться далеко за пределы блоков размером 1 МБ без существенного увеличения стоимости. На самом деле, учитывая крутую траекторию снижения расходов, даже при огромных масштабах они не будут запредельными для домашних пользователей, хотя Сатоши и не ожидал, что обычные пользователи будут запускать свои собственные узлы.

Чтобы иметь базовые возможности полного узла, необходимы две основные затраты: на хранение данных и на пропускную способность, которые за десятилетия резко упали вместе со стоимостью технологий в целом. Я наблюдал за этими тенденциями из первых рядов; моя компания MemoryDealers была создана для продажи компьютерного оборудования.

В книге *The Bitcoin Standard* Аммус пытается объяснить, почему масштабирование на цепочке нецелесообразно, опираясь на цифры:

> «Чтобы Биткойн мог обрабатывать 100 миллиардов транзакций, которые обрабатывает Visa, каждый блок должен быть размером около 800 мегабайт, то есть каждые десять минут каждый узел Биткойна должен был бы добавлять 800 мегабайт данных. За год каждый узел Биткойн добавит в свой блокчейн около 42 терабайт данных».[2]

Это верно. Если Биткойн обрабатывает примерно четыре транзакции в секунду на блок размером в один мегабайт, то 800 МБ блоков равны примерно 3200 транзакциям в секунду или ста миллиардам транзакций в год. Любой человек, знакомый с компьютерами, знает, что 800 МБ каждые 10 минут — это удивительно мало, учитывая, что это обеспечивает пропускную способность на уровне Visa. Однако Аммус приходит к противоположному выводу:

> «Такое количество полностью выходит за рамки возможной вычислительной мощности коммерчески доступных компьютеров сейчас или в обозримом будущем».[3]

Я не знаю, откуда Аммус взял эту информацию, но он, очевидно, не знаком с технологическими затратами. Даже при огромной пропускной способности ни затраты на хранение данных, ни затраты на пропускную способность не будут значительными для работы базового полного узла.

Расходы на хранение

Начнем с самых простых расчетов, а затем покажем, как еще больше сократить расходы. В сентябре 2023 года при быстром поиске жестких дисков объемом 8 ТБ на сайте Newegg.com первым результатом будет диск Seagate Barracuda, продающийся по цене 119.99[4] доллара, то есть 15 долларов за ТБ. Если Биткойн использует 42 ТБ в год, то это 630 долларов, или 52.50 доллара в месяц. Если учесть стоимость устройства NAS потребительского класса с 6 отсеками для подключения накопителей, которое в настоящее время стоит около $670[5], то для хранения 100 000 000 000 транзакций это составит мизерные $1 300 в год — чуть больше ста долларов в месяц.

Хотя эти расходы и так невелики, фактические затраты на хранение еще меньше благодаря продуманной конструкции Биткойна. Проще говоря, полным узлам не нужно хранить всю историю транзакций. Фактически, все, что им технически нужно, — это список адресов с ненулевым балансом, который называется «набор неизрасходованных транзакций», или UTXO. Набор UTXO можно представить как список активных денежных остатков без соответствующей им истории. Таким образом, размер набора UTXO составляет лишь малую часть от записи всех транзакций с историей. Запись можно «подрезать», отбросив старую, неактуальную информацию. Майнеры Биткойна часто уже работают с обрезанным блокчейном. Однако если полный узел по каким-то причинам захочет получить историческую запись, он может легко сохранить столько месяцев или лет, сколько пожелает. Вместо того чтобы хранить все записи, начиная с 2009 года, он может хранить только записи за последний год. Таким образом, вместо 42 ТБ в год можно хранить только 42 ТБ в целом, превращая ежегодные расходы на хранение в единоразовый платеж.

Полноценный узел, работающий на уровне Visa и хранящий всю историю блокчейна, все равно будет нести лишь незначительные расходы на хранение данных при использовании аппаратного обеспечения потребительского класса. Эти расчеты даже не учитывают неизбежное снижение стоимости технологий в будущем. За последние 70 лет компьютерные системы хранения данных постоянно снижали цены.

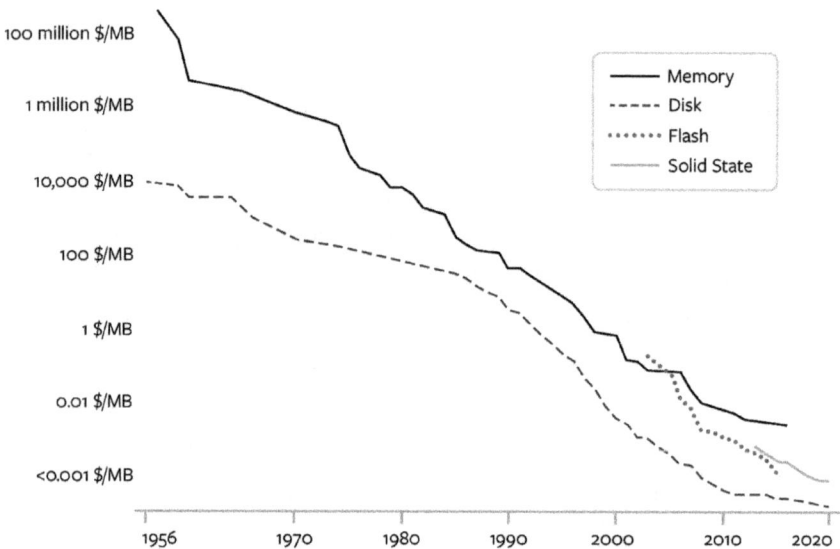

Рисунок 2: Компьютерная память и память для хранения данных в долларах США за мегабайт[6]

Когда Сатоши выпустил Биткойн в начале 2009 года, компьютерная память стоила примерно 0,10 доллара за гигабайт. С тех пор цены снизились более чем на 85% и в настоящее время составляют менее 0,015 доллара за гигабайт.[7] Вопреки утверждению Аммуса о том, что блоки размером 800 МБ будут содержать достаточно данных, чтобы «выйти за рамки возможной вычислительной мощности имеющихся в продаже компьютеров», реальные затраты на хранение данных будут доступными для потребителей и минимальными для большинства компаний.[§]

Затраты на пропускную способность

Затраты на хранение не являются реальной проблемой. Таким образом, если философия сторонников малых блоков и заслуживает внимания, то она должна заключаться в том, что стоимость пропускной способности больших блоков была бы непомерно дорогой. *The Bitcoin Standard*:

> Для узла, который может добавлять 42 терабайта данных каждый год, потребуется очень дорогой компьютер, а пропускная способность сети, необходимая для ежедневной обработки всех этих транзакций, потребует огромных затрат, которые будут явно непосильно дорогими для обслуживания распределенной сети.[8]

В очередной раз Аммус делает уверенные заявления о стоимости технологии, но при этом, очевидно, не проводит базовых исследований на эту тему. Сам Сатоши затронул эту тему еще в 2008 году, до того как опубликовал код Биткойна. Он сказал:

> Пропускная способность может оказаться не такой уж запредельной, как вы думаете. Типичная транзакция занимает около 400 байт... Каждая транзакция должна быть передана дважды, так что, скажем, 1 КБ на транзакцию.

---

§ Некоторые специализированные предприятия, которым требуется сверхбыстрая производительность, например криптовалютные биржи или платежные процессоры, могут подорожать из-за требований к оперативной памяти — хотя и это можно смягчить. См. Гэвин Андресен, «UTXO uh-oh...», http://gavinandresen.ninja/utxo-uhoh

> В 2008 финансовом году Visa обработала 37 миллиардов транзакций, или в среднем 100 миллионов транзакций в день. Для такого количества транзакций потребуется 100 ГБ пропускной способности, что соответствует размеру 12 DVD или 2 фильмов в HD-качестве, или примерно 18 долларам США по нынешним ценам.
>
> Если сеть станет настолько большой, то это будет через несколько лет, и к тому времени отправка двух фильмов в формате HD через Интернет, вероятно, не покажется большой проблемой.[9]

Стоит отметить несколько деталей в этой цитате. Во-первых, Сатоши назвал сумму в 18 долларов в день — более 6 500 долларов в год — чтобы продемонстрировать, насколько *низкими* могут быть затраты на пропускную способность в масштабе, что еще раз показывает, что он не ожидает от обычных пользователей запуска собственных узлов. 18 долларов в день — не слишком большая сумма, но её достаточно, чтобы разубедить случайных пользователей, у которых нет возможности компенсировать эти расходы. Однако у майнеров проблем не возникнет. Если каждая из гипотетических 100 миллионов транзакций будет стоить 0,01 доллара, это приведет к распределению между майнерами 1 миллиона долларов в день, или примерно 41 500 долларов в час, что более чем достаточно для возмещения их расходов на пропускную способность.

Во-вторых, когда Сатоши писал это в 2008 году, средняя стоимость пропускной способности в США составляла 9 долларов за мегабит в секунду. Десять лет спустя она упала на колоссальные 92% до 0,76 доллара.[10] Стоимость пропускной способности в разных странах мира различна, но тенденция к снижению наблюдается везде, и есть все основания полагать, что так будет и дальше. Компания AT&T взимает с американских клиентов всего 80 долларов в месяц за связь в один гигабит и 110 долларов в месяц за связь в два гигабита.[11] Люди, уже пользующиеся оптоволоконным интернетом, могут вообще не заметить увеличения стоимости пропускной способности.

Чтобы понять, насколько малы эти цифры сегодня, рассмотрим данные, используемые Netflix. Для стриминга HD-видео с Netflix требуется около 3 ГБ данных в час, а для стриминга 4К-видео — около 7 ГБ в час.[12] Если взять цифры Сатоши для 100 ГБ в день, то это составит примерно 4 ГБ в час — примерно на 43% *меньше*, чем часовая пропускная способность, используемая при потоковой передаче 4К-видео с Netflix. Хотя верно, что не все в мире в настоящее время могут смотреть 4К-видео у себя дома, суть в том, что затраты значительно снижаются повсюду, и в развитых странах они достигли уровня, когда операторы узлов могут вообще не заметить увеличения затрат на пропускную способность. Несомненно, некоторые узлы не смогут справиться с возросшими расходами, но возможности сети Биткойн не должны ограничиваться теми, у кого самое слабое интернет-соединение. Если для запуска полноценного узла, способного обрабатывать транзакции уровня Visa, Биткойну требуется только гигабитное интернет-соединение, то барьер для входа не слишком высок.

Технологии пропускной способности быстро совершенствуются уже несколько десятилетий и не подают признаков замедления. Когда Сатоши предсказал, что передача HD-фильмов по Интернету со временем станет нормой, это было за четыре года до того, как в 2012 году была запущена технология Google Fiber, которая стала первой мейнстрим услугой, обеспечившей гигабитное интернет-соединение для домашних пользователей. В то время Fiber обещал быть почти в сто раз быстрее, чем среднее домашнее подключение.[13] Будущие технологии пропускной способности выглядят не менее многообещающе. В 2021 году исследователи из Японии установили новый мировой рекорд скорости интернета, достигнув невероятной скорости в 319 терабит в секунду[14] — примерно в 3,2 миллиона раз больше, чем текущая средняя скорость интернета в США, составляющая 99,3 мегабита в секунду.[15] Пройдет много лет, прежде чем эта технология появится на рынке, но она служит еще одним подтверждением того, что стремительный рост будет оставаться нормальным явлением, и многие прорывы еще впереди. Пропускная способность просто не является серьезной проблемой для Биткойна, и к тому времени, когда начнется повсеместное использование, затраты будут более тривиальными, чем сейчас. Это привело Гэвина Андресена к выводу, что у Биткойна нет серьезных препятствий для масштабирования. В 2014 году он написал:

> По моим приблизительным расчетам, мое домашнее подключение к Интернету и домашний компьютер со средними характеристиками могут легко поддерживать 5 000 транзакций в секунду уже сегодня.
>
> Это составляет 400 миллионов транзакций в день. Довольно неплохо; каждый человек в США мог бы совершать одну транзакцию Биткойна в день.
>
> После 12 лет роста пропускной способности это составит 56 миллиардов транзакций в день на моем домашнем сетевом соединении — достаточно, чтобы каждый человек в мире совершал пять или шесть Биткойн-транзакций каждый день. Трудно представить, что этого будет недостаточно... Так что даже если через двадцать лет все в мире полностью перейдут с наличных на Биткойн, передача транзакций на узлы для проверки не будет проблемой.[16]

Каждые десять минут сеть BTC создает блоки размером примерно

1 МБ⁋, что комично мало — даже меньше, чем средняя фотография на мобильном телефоне. Мы постоянно смотрим видео стримы, размер которых может на порядки превышать 1 МБ, и передаём его по сотовым сетям, а стоимость данных продолжает снижаться. Биткойн был специально разработан таким образом, чтобы обычным пользователям не нужно было запускать собственный узел, но даже при огромном масштабировании затраты не будут чрезмерными.

⁋ Технически эти цифры немного увеличились после изменения метрики с "размера блока" на "вес блока", но общее количество транзакций в блоке сопоставимо. Подробнее об этом в главе 19.

8

Правильные стимулы

Я думаю, что большинство людей видят цифровые подписи
и технологии сетей без посредников, но упускают из виду,
что значительная часть гениальности Биткойна заключается в том, как разработана система стимулирования.[1]
—Гэвин Андресен , 2011

Биткойн — это не просто программный проект или компьютерная сеть. Это огромная, сложная система, в которой
участвуют миллионы людей по всему миру. Чтобы понять её,
нам нужно изучить не только программное обеспечение. Некоторые
критические особенности Биткойна вообще не в коде; они встроены
в его структуру стимулов. Пользователи, майнеры и предприятия
заинтересованы в том, чтобы использовать Биткойн таким образом,
чтобы приносить пользу себе и всей сети одновременно. Это экономическое взаимодействие сложнее заметить, но оно также важно,
как и все остальные технические детали.

Зачем запускать полный узел?

Сторонники больших блоков и малых блоков расходятся во мнениях о роли полных узлов в сети, и это отражает разницу в представлениях о стимулах. Философия сторонников малых блоков предполагает, что полные узлы должны играть важную роль, несмотря на отсутствие чётких стимулов. Обычных пользователей поощряют запускать собственные узлы, загружая и проверяя весь блокчейн, чтобы просто использовать Биткойн, хотя это и обременительно. При первом запуске узла может потребоваться несколько часов или даже дней, чтобы синхронизироваться с остальной сетью; полный узел займёт сотни гигабайт пространства на диске. По этой причине полные узлы, как правило, не запускают на смартфонах, что делает BTC гораздо менее удобным в использовании. Пользователи не получают вознаграждения за запуск этого программного обеспечения; они просто получают возможность подтверждать блоки транзакций других людей.

Хотя для группы инженеров-программистов это может показаться отличной идеей, для остальных пользователей это обременительно. Большинство людей никогда не будут запускать полный узел, потому что у них нет причин для этого. Это слишком сложно, а вознаграждение слишком мало. Если бы Биткойн был спроектирован так, чтобы обычные люди были вынуждены запускать свои собственные узлы для поддержания безопасности сети, это было бы критическим недостатком дизайна.

Сравните это с дизайном УВП от Сатоши, который позволяет загружать и синхронизировать кошельки мгновенно. Вы можете использовать кошелёк BCH на своём смартфоне так же легко, как и любое другое приложение. Сторонники BTC любят утверждать, что УВП имеет некоторые теоретические проблемы с безопасностью, но не было ни одного задокументированного случая, когда пользователи потеряли бы деньги из-за этого. У этой технологии долгий и успешный путь, и самые популярные приложения для кошельков BTC на самом деле используют УВП или аналогичную технологию, либо являются кастодиальными кошельками. Сатоши понимал, что тяжёлая работа по обслуживанию инфраструктуры должна выполняться людьми, которым платят за это — майнерами, а не обычными пользователями.

Другим примером экономического недопонимания стала попытка Bitcoin Core защитить самые маленькие узлы от исключения из сети. У разработчиков было множество возможностей увеличить лимит размера блоков, но они не хотели рисковать, исключая из сети ни один узел, каким бы малым он ни был. На самом деле существует целое движение сторонников BTC, которые устанавливают полные узлы на Raspberry Pi — компьютеры настолько маленькие, что их стоимость составляет около 30 долларов. Поэтому неудивительно, что BTC не может масштабироваться: каждая транзакция в сети всё равно может быть обработана с помощью чрезвычайно дешёвого оборудования! С точки зрения масштабирования разработчики Core поступили наихудшим образом. Они довели мощность сети до возможностей самых малых игроков и не поняли, что совершенно нормально, если самые малые узлы вытесняются из сети по мере её роста. Как сказал Сатоши, узлы будут превращаться в «большие серверные фермы». Именно так будет выглядеть естественный экономический рост.

Высокомерие центральных планировщиков

Фридрих Хайек — один из известнейших экономистов австрийской школы. В 1974 году он получил Нобелевскую премию по экономике за свои научные труды. Одна из его известных книг называется «Роковое заблуждение» (*The Fatal Conceit*) и представляет собой блестящее исследование проблем централизованно планируемой экономики. Ему принадлежит знаменитая цитата:

> «Любопытная задача экономики — продемонстрировать людям, как мало они на самом деле знают о том, что, по их мнению, они могут спроектировать». [2]

Чем больше вы узнаёте о том, как работают свободные рынки, тем более самонадеянным кажется представление о том, что лучшую систему можно создать с помощью централизованного планирования. Рынки невероятно эффективно координируют ограниченные ресурсы, и при этом они делают это без какого-либо центрального органа, устанавливающего цены и производственные расценки на товары. Продолжение знаменитой цитаты Хайека:

> «Наивному уму, способному воспринимать порядок только как продукт преднамеренного планирования, может показаться абсурдным, что в сложных условиях порядок и адаптация к неизвестному могут быть достигнуты более эффективно за счёт децентрализации решений и что разделение полномочий фактически повышает шанс достижения и качество установления общего порядка. Однако такая децентрализация на самом деле приводит к тому, что учитывается больше информации».[3]

Другими словами, свободные рынки обеспечивают быстрый обмен информацией между покупателями, продавцами, производителями, потребителями, фермерами и всеми остальными участниками экономики. Все они пытаются понять, какие виды продукции производить, в каких количествах, из каких материалов, по какой цене, в каких местах, с помощью каких производственных процессов и так далее. В буквальном смысле слова, слишком много информации, чтобы центральный совет по планированию мог всё это учесть. Поэтому глупо говорить одному человеку: «Правильная» цена на обувь — 45 долларов за пару». Это зависит от слишком многих факторов — из чего сделана обувь, каково её качество, где она продаётся? Вместо того чтобы какой-то комитет определял цену на обувь для всех, лучше позволить отдельным предпринимателям самим устанавливать цены на рынке, что приведёт к обработке большего количества информации и лучшей общей координации.

Всё это имеет непосредственное отношение к Биткойну. Как свободная экономика работает лучше, чем центральное планирование, так и свободный Биткойн работает лучше, чем централизованно спланированный. Bitcoin Core был советом центрального планирования для Биткойна по многим вопросам, будь то убеждение, будто они знают «правильный» размер блока, «правильный» уровень транзакционных сборов или «правильное» количество узлов в сети. Вот почему Гэвин Андресен сказал:

> «Центральное планирование — вот почему я хотел бы полностью отказаться от жёсткого верхнего предела размера блоков и позволить сети самой решать, "какой размер слишком велик"».[4]

С экономической точки зрения, ограничение размера блоков в BTC — это централизованно спланированный дефицит предложения. Спрос на большие блоки есть, но майнеры не могут их производить из-за произвольного ограничения, заложенного в программное обеспечение. Пользователи BTC вынуждены конкурировать на искусственном «рынке комиссий», чтобы получить возможность провести свою транзакцию. То же самое происходит на рынке жилья, когда центральные планировщики препятствуют строительству новых объектов. Это вызывает дефицит предложения, и цены резко взлетают. Основные экономические принципы спроса и предложения применимы как к рынку жилья, так и к криптовалютному рынку. Если оставить майнеров в покое, они будут производить блоки оптимального размера, чтобы удовлетворить спрос.

Склонность разработчиков Core к централизованному планированию не ограничивалась созданием ненужных рынков вознаграждений. Они даже использовали ограничение на размер блоков, чтобы попытаться повлиять на то, над какими проектами работают другие разработчики. Разработчик Core Владимир ван дер Лаан объяснил:

> «Увеличение давления растущей комиссии, приводящее к формированию рынка, где транзакции конкурируют за попадание в блоки, приводит к срочной разработке децентрализованных внецепочечных решений. Я боюсь, что увеличение размера блока отбросит эту проблему на задний план и позволит людям (и крупным компаниям Биткойна) расслабиться, пока снова не наступит время для увеличения блоков, и тогда они снова поддержат Гэвина, что никогда не приведёт к разумному, устойчивому решению, а лишь к вечным неловким дискуссиям, подобным этой».[5]

Мало того, что разработчики посчитали себя достаточно умными, чтобы установить обязательный максимум размера блоков, они также решили, что могут использовать высокую плату, чтобы стимулировать людей работать над нужными им проектами. Они не были против того, чтобы сеть застопорилась, потому что это создаст «срочную необходимость в разработке децентрализованных внецепочечных решений». Роковое самомнение! Конечно, на самом деле произошёл отток разработчиков из BTC, которые просто присоединились к другим более перспективным проектам.

Доверяйте стимулам, а не конкретным людям

Последняя часть экономического дизайна Биткойна, которую часто неправильно понимают, — это роль доверия. Так же как концепция «цифрового золота» была воспринята слишком буквально, концепция «отсутствия доверия» также воспринимается слишком буквально. Когда Сатоши сказал, что Биткойну не нужны «доверенные третьи лица», он не имел в виду, что не нужно доверять никаким людям. Биткойн по своей природе причастен к экономике, это делает его социальным по своей природе, а значит, он всё равно требует некоторого доверия к людям. Например, энтузиаст BTC может запустить свой собственный узел, проверять каждую транзакцию на блокчейне и думать, что он работает, не доверяя никому. Но он ошибается. На самом деле он доверяет многим людям, с которыми никогда не встречался. Он верит, что разработчики его операционной системы сделали свою работу хорошо. Он верит, что производители процессоров сделали свою работу хорошо. Он верит, что все компании, участвовавшие в производстве его компьютера, не допустили ошибок в его аппаратном оборудовании. Он верит, что его провайдер подключает его к интернету безопасным способом. По сути, он доверяет тысячам людей по всему миру, хотя и не доверяет им по отдельности. Вместо этого он доверяет системе экономических стимулов, которая координирует их работу по производству высококачественного оборудования и программного обеспечения. Даже если люди в производственной цепочке ненавидят друг друга — или даже могут ненавидеть его лично, — он верит, что система будет в достаточной мере вознаграждать за хорошее поведение и наказывать за плохое, чтобы производились надёжные продукты.

Биткойн работает точно так же. Система была разработана для работы без центрального органа власти, поэтому никто не должен доверять какому-то конкретному человеку или компании. Но они должны верить, что стимулы достаточно сильны, чтобы создать надёжную сеть. Это доверие не может исходить от каждого человека, самостоятельно анализирующего код. Оно должно исходить от восприятия Биткойна как единого целого, включающего множество людей и компаний, действующих в своих собственных интересах. Когда Bitcoin Core изменили стимулы системы, они фундаментально изменили весь её дизайн.

Система Сатоши не была идеальной и упустила из виду одну ключевую проблему: управление и финансирование разработки программного обеспечения Биткойна. У майнеров есть сильные стимулы. У пользователей есть правильные стимулы. Но стимулы разработчиков неясны и могут привести к конфликту интересов. В случае с Bitcoin Core структура процесса принятия решений была несовершенной и в конечном итоге привела к срыву всего проекта.

Мы рассмотрели каждую из идей «Фундаментальной пятерки» для понимания первоначального дизайна Биткойна:

1) Биткойн был разработан как цифровая валюта для осуществления платежей через Интернет.

2) Биткойн был разработан для того, чтобы иметь чрезвычайно низкие комиссии за транзакции.

3) Биткойн был разработан для масштабирования с увеличением размера блоков.

4) Биткойн не был рассчитан на то, что рядовой пользователь сможет управлять собственным узлом.

5) Экономический дизайн Биткойна так же важен, как и его программный дизайн.

Вопрос о том, изменил ли Bitcoin Core первоначальный дизайн, даже не стоит. Вопрос в том, нравятся ли вам их изменения. На мой взгляд, их новый дизайн не является улучшением. Почти во всех отношениях, кроме цены, текущее положение Биткойна хуже, чем в 2013 году.

9

Сеть Lightning

Д аже самые ярые Биткойн-максималисты признают, что в
долгосрочной перспективе необходимо найти способ сделать
Биткойн пригодным для использования в качестве денег
в повседневной коммерции. Они не хотят, чтобы базовый уровень
обеспечивал эту функциональность. Вместо этого они хотят, чтобы
регулярные платежи осуществлялись на вторичных уровнях, таких
как сеть Lightning. Сторонники малых блоков утверждают, что
ограничение размера блока не нужно повышать, потому что сеть
Lightning решает проблемы масштабирования Биткойна — они
начали приводить этот аргумент ещё за несколько лет до появления
Lightning. Несмотря на шумиху, реальность сети Lightning мрачна.
У неё есть несколько критических недостатков, которые делают
её небезопасной и громоздкой, и она вряд ли когда-либо получит
массовое принятие. Каждая попытка решить проблемы Lightning
приводит к появлению новых уровней сложности, которые влекут
за собой новые наборы проблем — ужасный кейс с точки зрения

разработки программного обеспечения.

Вот базовый обзор конструкции сети Lightning. Технология основана на "платежных каналах", которые, по сути, являются текущим балансом между двумя сторонами. Допустим, Алиса открывает платежный канал с Бобом и пополняет его на 10 долларов. Начальный баланс будет составлять 10 долларов для Алисы и 0 долларов для Боба. Если она отправит ему транзакцию на сумму $3, то новый баланс составит $7 для Алисы и $3 для Боба. Боб может отправить ей обратно $1, и новый баланс составит $8 для Алисы и $2 для Боба. Ни одна из этих транзакций не записывается в блокчейн; их узлы ведут подсчёт отдельно, вне цепочки. В любой момент любая из сторон может закрыть канал, и тогда окончательные балансы будут распределены между обоими участниками с помощью транзакции на цепочке.

Платежные каналы — изящная технология, над которой работал с самого начала даже сам Сатоши. Однако они разрабатывались не как решение для масштабирования. Они были разработаны для крошечных микроплатежей и высокоскоростных двусторонних транзакций, которые используются в особых случаях, например, для платежей между торговыми ботами. Платежные каналы отлично подходят для микроплатежей, поскольку позволяют пересылать крошечные суммы туда и обратно между сторонами, не взимая комиссию за транзакции на цепочке.

Сеть Lightning — это попытка связать платежные каналы вместе, чтобы создать вторичный уровень, который может распределять повседневные платежи Биткойна. Так, если Алиса хочет отправить деньги Чарли, но у неё нет платежного канала с ним напрямую, она может направить свой платёж через Боба, у которого открыт канал с Чарли. За эту услугу Боб получает небольшую комиссию за транзакцию. В идеале платежи на Lightning должны быть мгновенными, иметь крайне низкую комиссию и позволять масштабировать Биткойн без необходимости увеличивать размер блока, поскольку большинство транзакций происходит вне цепи. К сожалению, на практике Lightning работает плохо, потому что у неё есть несколько недостатков, которые разрушают систему.

Транзакции ончейн

Самая главная проблема сети Lightning заключается в том, что для её использования необходимы транзакции на цепочке. Открытие и закрытие платежного канала требует проведения транзакций на главной цепочке Биткойн, причём рекомендуется открывать несколько каналов одновременно. Эти каналы не являются постоянными; они требуют постоянного обслуживания и должны обновляться ежегодно. Требование о проведении транзакций на цепочке создаёт две критические проблемы:

(1) Пользователи должны платить комиссию за транзакции на цепочке, чтобы просто открыть или закрыть каналы. Если базовый уровень используется в качестве системы расчётов между банками, эти комиссии могут составить сотни или тысячи долларов только за подключение к сети Lightning.

(2) Поскольку для подключения к сети Lightning требуются транзакции на цепочке, математически невозможно подключить большое количество людей с помощью блоков размером 1 МБ.

Проблема (1) проста, но она часто скрыта от обычных пользователей. Самые популярные кошельки Lightning либо являются *кастодиальными*, что означает, что средства пользователей контролируются третьей стороной, либо кошелёк часто *оплачивает* комиссии за платежи на цепочке. Обе ситуации нежелательны. Кастодиальный Lightning сводит на нет все преимущества использования Биткойна, а покрывать комиссии за транзакции на цепочке компании могут только пока комиссии низкие. Если комиссии будут постоянно превышать 50 или 100 долларов, компании не смогут продолжать их оплачивать. Сеть Lightning не решает проблемы, связанной с высокими комиссиями на первом уровне.

Проблема (2) также очевидна и была обозначена с момента написания научной работы о Lightning. В условиях крайне ограниченного размера блоков, даже если каждая транзакция BTC будет использоваться исключительно для открытия платежного канала, места в одном блоке будет достаточно, чтобы подключить не более нескольких тысяч человек. Пол Шторк, известный сторонник и разработчик BTC, написал статью, в которой более подробно разобрал эти цифры. Он пришёл к выводу, что даже если 90% пространства блока будет отведено под открытие каналов, за год можно будет подключить только около 66 миллионов человек, а это значит, что для перехода всего мира на сеть Lightning потребуется около 120 лет. Он подводит итог:

> Другими словами, каждый год мы будем подключать только 0,82% всего мира.
>
> Хуже того: если каналы продержатся всего один год, то к 1 января 2025 года нам придётся заново подключать тех, кто присоединился к ним 1 января 2024 года. В таком мире только 0,82% населения Земли, максимум, могут быть пользователями Биткойна (единовременно).
>
> Эффект денежной сети очень силён — вам нужно использовать деньги, которые используют и другие люди. Поэтому ограничение в 0,82% не является жизнеспособным.[1]

Решение, предложенное Шторком, заключается в том, чтобы иметь "сайдчейн" с большими блоками (об этом рассказывается в главе 13), который сможет привлечь больше пользователей. Моё решение заключается в том, чтобы вместо этого использовать Биткойн с большими блоками, которому не нужна сеть Lightning, чтобы быть жизнеспособным в глобальном масштабе. Требование использовать большие блоки — это то, что Джозеф Пун написал в техническом описании Lightning:

> Если бы все транзакции с использованием Биткойна проводились внутри сети каналов микроплатежей, то для того, чтобы 7 миллиардов человек могли создать два канала в год с неограниченным количеством транзакций внутри канала, потребовались бы блоки размером 133 МБ (при условии, что транзакция занимает 500 байт, таким образом 52560 блоков в год).[2]

Это автор научной работы объясняет, что для использования сети Lightning в глобальном масштабе всё равно потребуются блоки размером 133 МБ! В отличие от сторонников малых блоков, он отмечает, что блоки размером 133 МБ являются приемлемым размером:

> Настольные компьютеры нашего поколения смогут запустить полный узел с вырезанными старыми блоками на 2 ТБ памяти.

Для использования сети Lightning требуется несколько транзакций на цепочке. Поэтому ограничение размера блока в 1, 2 или даже 10 МБ не позволит ей стать реальным решением для масштабирования. Обычные пользователи не захотят тратить 50 или 100 долларов на открытие платежного канала, но даже если бы они это сделали, лимит размера блока BTC просто слишком мал для массового использования.

Онлайн узлы

Сеть Lightning требует, чтобы пользователи запускали собственные узлы. Этот факт вызвал недоумение у Тоуна Вайса, популярного сторонника Биткойна. По всей видимости, он не понимал этой базовой особенности, несмотря на то что неустанно продвигал Lightning в качестве альтернативы увеличению размера блоков. В беседе на YouTube с Джимми Сонгом он начал с вопроса из зала:

> Вайс: Вот вам хороший вопрос, Джимми. Кто-то спрашивает: "Какую выгоду я получу от создания собственного узла Lightning?"
>
> Сонг: Хм, вы можете перевести деньги, как при использовании Lightning...
>
> Вайс: Минуточку, мне нужно разъяснение. Нужно ли мне иметь узел Lightning, чтобы платить людям через Lightning?
>
> Сонг: Да.
>
> Вайс: *Правда?*
>
> Сонг: Да, потому что единственный способ заплатить кому-либо — это открыть канал, а открыть канал невозможно, если у вас нет узла.
>
> Вайс: Но нужен ли вам собственный узел или чужой?
>
> Сонг: Вам нужен собственный узел...
>
> Вайс: О, ничего себе, значит, каждому человеку понадобиться свой узел Lightning?
>
> Сонг: Ну да...[3]

Требование запустить собственный узел достаточно сложное для обычных пользователей, поскольку узлы требуют постоянного наблюдения и обслуживания. Но есть ещё одно требование, которое делает эту задачу непосильной: каждый узел должен оставаться в сети, иначе он рискует потерять средства.

По задумке Lightning, пока платежный канал открыт, у обеих сторон есть история всех предыдущих состояний канала — отдельные записи о том, когда у Алисы было $10, а у Боба — $0, затем когда у Алисы было $7, а у Боба — $3 и т. д. Когда канал закрывается, "окончательный" баланс передаётся той стороной, которая закрывает канал. Однако вместо того, чтобы передавать последний баланс, может быть передано предыдущее состояние канала, и это потенциально позволяет Алисе обокрасть Боба. Представьте, что в результате последней транзакции баланс Алисы составил $1, а Боба — $9. Если Алиса закроет канал, то вместо того чтобы передать последний баланс, она может передать более раннее состояние со старым балансом, например, когда у неё было $10, а у Боба — $0. Если Боб не заметит этого, то Алиса в итоге украдёт в общей сложности $9.

Сеть Lightning пытается решить эту проблему, делая публикацию старых состояний канала рискованной. Если Боб поймает Алису в течение двухнедельного срока, он может передать более новое состояние и доказать, что Алиса опубликовала старое. Если это произойдёт, все средства в канале перейдут к Бобу. Предполагается, что это стимулирует честное поведение, но это слабый стимул. Если у Алисы уже низкий или нулевой баланс, ей нечего терять, и она может попытаться украсть. Кроме того, чтобы поймать кого-то, узел должен быть подключён к интернету. Если узел Боба выйдет из сети, он не сможет определить, что Алиса его обворовывает, и может потерять средства. Именно поэтому некоторые сторонники Lightning предлагают устанавливать на узлах резервные батареи.

Разработчики Lightning попытались решить эту проблему, создав "сторожевые башни" — третьи лица, которые следят за каналом, чтобы убедиться, что никто никого не обманывает, даже если один узел уходит офлайн. Эта новая система добавляет ещё один уровень сложности и требует, чтобы "сторожевые башни" были надёжными и компетентными, иначе пользователи могут потерять свои средства. Проблема доверия отодвигается ещё на один шаг — то есть сторожевым башням нужны свои собственные сторожевые башни.

Помимо риска для безопасности, оффлайн-узлы не могут даже принимать платежи, равно как и отправлять их другим людям. Lightning требует, чтобы обе стороны одновременно находились в сети, а отправитель не может отправить получателю произвольную сумму Биткойнов. Получатель должен создать конкретный счёт, который отправитель должен заполнить — отсюда и требование быть онлайн.

Требование быть онлайн также является риском для безопасности, поскольку означает, что ключи от Биткойн-кошелька пользователей хранятся в так называемом "горячем кошельке", то есть подключённом к интернету. Стандартная система безопасности в Биткойне всегда заключалась в том, чтобы хранить большую часть монет в автономном "холодном хранилище", и лишь небольшие суммы хранить в кошельках, подключённых к интернету. У хакеров гораздо больше шансов добиться успеха, когда они нацелены на "горячие кошельки", из которых состоит вся сеть Lightning Network. Единственный способ перевести монеты из Lightning Network в автономное "холодное хранилище" — это совершить транзакцию на цепи.

Проблемы ликвидности и маршрутизации

Маршрутизация платежей через Lightning Network — ещё одна серьёзная проблема. Каждый платёж должен найти определённый путь от отправителя к получателю. Если Алиса хочет заплатить Дональду, но у неё нет прямого канала связи с ним, ей придётся искать путь к нему через другие каналы. Возможно, ей придётся сначала отправить платёж через Боба, который затем перешлёт его Чарли, потому что у Чарли открыт канал с Дональдом. Если Дональд недостаточно хорошо связан с сетью — если у него нет достаточного количества платежных каналов, открытых с другими хорошо связанными сторонами, — программное обеспечение не сможет найти путь к нему, и платёж не пройдёт.

Но просто найти маршрут недостаточно. Каждый канал на этом пути также должен обладать достаточной ликвидностью, чтобы платёж прошёл через него. Если Алиса хочет отправить Дональду платёж в размере 100 долларов, а маршрут проходит через Боба и Чарли, но в канале между Бобом и Чарли ликвидности всего 50 долларов, платёж не пройдёт. На практике это приводит к частым сбоям платежей, особенно при транзакциях на большие суммы.

Чтобы лучше понять платёжные каналы, лучше всего использовать аналогию с бусинами, движущимися по нитке. Канал — это как нитка, соединяющая двух людей, а бусины — ликвидность. Допустим, Алиса открывает канал с Бобом и нанизывает на нитку 50 бусин. Чтобы заплатить за кофе, она перекладывает пять бусин со своей стороны на сторону Боба. Затем, чтобы заплатить за пачку жвачки, Боб перекладывает одну бусину обратно к Алисе. Когда канал закроется, предположим, что ни один из участников не пытается украсть у другого, Алиса и Боб получат правильное распределение бусин, зависящее от их конечного местоположения.

Если для обработки платежа не хватает бусин, сеть сталкивается с проблемой ликвидности. Если на канале Алисы и Боба всего 50 бусин, они не смогут направить платежи, размер которых превышает 50 бусин — просто не хватит бусин для перемещения. Ещё больше усугубляет проблему то, что для осуществления платежа в Lightning

Network необходимо найти маршрут от Алисы до Дональда, где на каждом шаге будет достаточно ликвидности, а эти балансы постоянно находятся в движении. Каждый раз, когда платёж проходит через канал Боба, его доступная ликвидность меняется. Таким образом, в сети не только постоянно открываются и закрываются платежные каналы, но и меняются их соответствующие балансы. Представьте себе миллиарды людей, пользующихся этой системой, у каждого из которых открыто множество платежных каналов с постоянно меняющимися балансами. Простая задача маршрутизации превращается в чрезвычайно сложную, которую, возможно, даже невозможно решить без повсеместной централизации сети. Рик Фальвинге, IT-предприниматель, ставший шведским политиком, сделал вывод в серии видеороликов о Lightning:

> Сетевая маршрутизация — это нерешённая проблема в информатике, особенно когда в сети есть противники... Я считаю, что Lightning Network — это тупик... Она не получит распространения. Она останется игрушкой, с которой будут возиться, и в конце концов её забросят.[4]

Андреас Бреккен, основатель популярной криптовалютной биржи Sideshift, пришёл к аналогичному выводу. Я спросил его об опыте использования Lightning в своём бизнесе, и он сказал:

> Маршрутизация — серьёзная проблема в Lightning Network. Платежи часто не проходят по маршруту, и я попытался смягчить эту проблему, подключившись к крупнейшим биржам. Но даже это не решает проблему полностью. Мне приходится использовать программное обеспечение, которое оценивает вероятность успешного платежа, и если процент недостаточно высок, я просто не отправляю платёж.

Честно говоря, большое количество пользователей Биткойна обманывают, заставляя думать, что эта штука может работать, но после того как я внедрил её в свой бизнес, я просто не верю, что она будет работать.

С точки зрения удобства использования, наилучшим вариантом для Lightning было бы создание полностью кастодиальных кошельков, подключённых к крупнейшим биржам. Но, конечно, это в какой-то степени противоречит цели создания Биткойна.

Бреккен прав. Если у Lightning Network и есть хоть какие-то шансы на успех среди широкой публики, потребуется массовая централизация в виде сети "ступицы и спицы" и широкое использование кастодиальных кошельков.

Модель "ступицы и спицы"

Централизация — это единственный надёжный способ уменьшить остроту проблем с Lightning Network. Кастодиальные кошельки избавляют от необходимости управлять собственным узлом и постоянно находиться в сети. Маршрутизация упрощается, если все подключаются к одним и тем же гигантским узлам, которые обладают достаточной связанностью и ликвидностью для обслуживания миллионов людей — если все откроют канал с PayPal, то шансы найти маршрут будут высокими. Крупные компании будут не просто участвовать в экономике Биткойна, пользователи будут вынуждены полагаться на них, чтобы иметь базовую платежную функциональность, и, как и в случае с кастодиальными кошельками, они могут быть легко подвергнуты цензуре и отрезаны от остальной части сети.

Централизация сети Lightning Network неизбежна и предсказывалась уже много лет. Более того, она даже стала предметом научных исследований. Структура сети называется "моделью ступицы и спицы" — она напоминает спицы в колесе, где маленькие узлы соединяются с более крупными узлами, которые соединены с несколькими суперузлами.

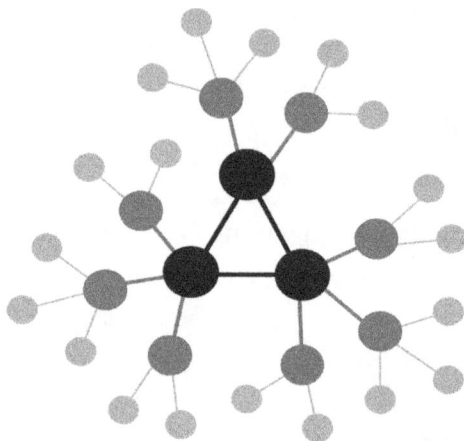

Рисунок 3: Схема сети ступицы и спицы

Важно отметить, что это не распределённая сеть без посредников, где узлы соединяются друг с другом напрямую. При платежах на блокчейне у Алисы есть прямая связь с Дональдом. При использовании Lightning Алиса должна сначала пройти через Боба и Чарли. Самые крупные узлы станут важными для бесперебойного функционирования всей сети, и эти огромные узлы будут обладать полномочиями цензуры. Их будут размещать компании, которые легко регулировать. И когда они будут отключены по какой-либо причине — из-за сбоя, регулирования или простого обслуживания, — связность сети будет серьёзно нарушена. Обычные пользователи могут быть полностью отрезаны от сети, если их связь с центральным узлом оборвётся. Алиса может не найти ни одного пути к Дональду и будет вынуждена использовать эквивалент PayPal.

Группа исследователей написала об этих рисках в научной работе 2020 года под названием "Lightning Network: второй путь к централизации экономики Биткойна":[5]

> Bitcoin Lightning Network становится всё более централизованной сетью, всё более соответствующей структуре "ядро-периферия". Дальнейшая проверка устойчивости BLN показывает, что удаление хабов приводит к распаду сети на множество компонентов, что свидетельствует о том, что эта сеть может быть мишенью для так называемой сплит-атаки.

Эти исследователи выдвинули несколько математических и эмпирических аргументов, которые показали, что тенденция к централизации присуща дизайну сети, и пришли к выводу:

> Тенденция к централизации заметна даже при рассмотрении взвешенных величин, поскольку только около 10% узлов владеют 80% Биткойна, находящихся в BLN (в среднем за весь период)... Эти результаты, похоже, подтверждают тенденцию к тому, что архитектура BLN становится "менее распределённой", и этот процесс имеет нежелательное последствие, делая BLN всё более уязвимой к атакам и сбоям.

Проблемы с ликвидностью равно как и централизация добавляют сложностей, и это помимо требования использовать кошелёк, который всегда подключён к интернету. Большинство людей не захотят хранить тысячи долларов в своих платежных каналах, особенно из-за повышенного риска постоянного нахождения в сети. Это означает, что крупные платежи неизбежно будут проходить через крупные корпоративные платежные узлы, обладающие достаточной ликвидностью и техническими возможностями для защиты от хакеров.

Неизбежная централизация сети Lightning — иронична, учитывая безумный крестовый поход, который предприняли разработчики Core, чтобы избежать централизации, переработав оригинальный дизайн Сатоши. Мало того, что Lightning бесконечно более сложная, неуклюжая и менее надёжная система, чем транзакции на цепочке, сеть в итоге окажется на порядок дороже для каждого пользователя, потому что платежи на цепочке, необходимые для её инициации, будут стоить сотни или даже тысячи долларов. А если пользователю когда-нибудь запретят доступ к центральному платежному узлу, он будет вынужден совершать дополнительные платежи на цепочке, чтобы сохранить связь с остальной частью сети. Если эти транзакции будут стоить тысячи долларов за штуку, то запрет на доступ к хабам лишит большинство людей возможности использовать Биткойн вообще.

В проекте Сатоши сеть может быть выведена из строя дорогостоящей атакой на 51%. С Lightning Network стоимость нарушения работы сети резко снизится. Правительства или злоумышленники могут просто нацелиться на крупнейшие платежные каналы. Если им удастся вывести из строя сразу несколько критически важных узлов, то сеть станет практически непригодной для использования. Хэшрейт не требуется.

Ложное обещание

Жизнеспособность BTC теперь зависит от развития вторых уровней. Если вторые уровни не смогут обеспечить дешёвые и надёжные платежи, то у BTC не будет возможности масштабироваться — по крайней мере, без признания впечатляющего провала и повышения ограничения размера блока или полной централизации с помощью кастодиальных кошельков. При нынешнем состоянии технологии Lightning Network не станет серьёзным решением проблемы высоких комиссий и не позволит обычным людям использовать ВТС в коммерции. Платежные каналы — изящная технология, но они не являются масштабным решением. Они могут быть полезны для микроплатежей, как считал Сатоши, но не для повседневных транзакций. Возможно, в будущем будет разработана технология, которая спасёт ВТС, но пока оригинальный дизайн, работающий на BCH, остаётся лучшей системой для быстрых, дешёвых платежей без посредников онлайн. Простота и элегантность системы не имеют себе равных; комиссии остаются низкими; нет никаких требований к запуску собственного узла; платежные хабы не нужны, и ничто не мешает создавать вторичные слои поверх BCH — более того, больший размер блока позволяет ещё больше расширить функциональность вторичных слоёв.

Я хочу, чтобы сеть Lightning оправдала свои обещания, потому что если бы она могла это сделать, то мир стал бы лучше. Но сейчас у меня нет оснований полагать, что это произойдёт. Все признаки указывают на то, что это неудачный эксперимент, фиаско для разработчиков Core и демонстрация того, что Биткойн-максималисты, продвигающие эту технологию в качестве замены транзакций на цепочке, были совершенно неправы и ввели в заблуждение миллионы людей.

Трудно представить себе более эффективный способ вывести Биткойн из строя, чем тот, что случился на самом деле. За несколько лет ВТС превратилась из лучшей платёжной системы в интернете в медленную, дорогую и ненадёжную сеть. Гениальный замысел Сатоши был отброшен ради обещания технологии будущего, которая не оправдала возложенных на неё надежд. Причины этой неудачи могут быть случайными или умышленными. История Биткойна может быть просто примером плохого управления проектом, но, учитывая революционную силу этой технологии, более вероятно, что Биткойн был выведен из строя его врагами.

Часть II:

Захват Биткойна

10

Ключи от кода

О Биткойне часто говорят так, будто он не подвержен человеческому влиянию, постоянен, как законы физики. Сеть якобы слишком велика и децентрализована, чтобы какая-либо группа людей могла её контролировать, какой бы могущественной она ни была. Согласно *The Bitcoin Standard*:

> Стоимость Биткойна не привязана ни к одному физическому ресурсу где-либо в мире, а значит, транзакции никогда не могут быть полностью остановлены, а активы уничтожены или конфискованы силами политического или криминального мира. Значение этого изобретения для политических реалий XXI века заключается в том, что впервые с момента возникновения современного государства у людей появилось чёткое техническое решение, позволяющее избежать финансового влияния правительств, под властью которых они живут.[1]

Это красивая идея, и я бы очень хотел, чтобы Биткойн работал именно так. Но, к сожалению, история говорит об обратном. Биткойн — это в значительной степени человеческий проект, и он не застрахован от индивидуальной и институциональной коррупции. Социальные и политические факторы имеют огромное значение, и так было с самого начала.

Проверка реальностью

Конфискация стала лёгкой из-за тенденции к использованию кастодиальных кошельков (кошельков, ключи от которых находятся у централизованной биржи или другой третьей стороны — прим. переводчика). Это происходит постоянно. Поскольку блокчейн является публичным, правительства могут отмечать конкретные монеты как подозрительные и отслеживать их по всему блокчейн-реестру. Если монеты попадают на централизованную криптовалютную биржу, как это обычно и происходит, биржа замораживает соответствующие счета и уведомляет власти. После этого сомнительные монеты можно будет изъять в несколько кликов.

Даже если монеты не попали на централизованную биржу, они, скорее всего, *пришли с одной из них*, что благодаря соблюдению законов (KYC, know-your-customer - знай своего клиента) даёт правительству возможность установить личность по крайней мере одного человека, который взаимодействовал с этими монетами. С этого момента они могут наблюдать за блокчейном, чтобы отслеживать экономическую деятельность данного индивида и установить личности всех, с кем он совершал сделки. Данные практики уже используются, когда Биткойн фигурирует в крупных криминальных делах, но нет никакой значимой причины, по которой их не будут применять к обычным пользователям.

Идея о том, что Биткойн — это "эффективное техническое решение" в случае угрозы применения физической силы со стороны политических сил, наивна. Если правительство подозревает, что вы что-то скрываете, оно может провести расследование, как и в любой другой ситуации. Оно может потребовать, чтобы вы предоставили ваши финансовые записи, приватные ключи и электронику. Если вы откажетесь, они могут войти в ваш дом, посадить вас в тюрьму и конфисковать ваше имущество.

Биткойн не освобождает вас от влияния физического мира и не запрещает правительствам угрожать вам насилием. Подкованные технические пользователи, возможно, смогут избежать конфискации или уничтожения своих сбережений, но обычным пользователям придётся нелегко. Финансовая свобода, которую предоставляет Биткойн, максимально увеличивается при использовании некастодиальных кошельков (кошельков, ключи от которых хранятся у пользователя — прим. переводчика). Хоть такие кошельки и несовершенны, возможность отслеживать и конфисковывать монеты значительно снижается, когда обычные пользователи могут получить доступ к блокчейну без особых затрат и не использовать централизованные кошельки или биржи — аналогично тому, как используются физические наличные деньги.

Сделки с наличными гораздо сложнее контролировать, чем электронные транзакции, которые совершают через банки или платёжные сервисы, такие как PayPal, и это одна из причин, почему правительства по всему миру хотят отказаться от наличных в пользу цифровых валют, которые они контролируют. Именно поэтому peer-to-peer цифровые наличные деньги — такой революционный концепт; контроль остаётся в руках пользователей, при этом предоставляя удобства электронных денег.

Управление Биткойном

Понятия "цифровое золото" и "хранилище стоимости", как и знаменитая "децентрализация" Биткойна — это скорее маркетинговый лозунг, чем реальность. На самом деле одна из центральных историй Биткойна — о том, как небольшая группа захватила проект, несмотря на возражения большинства участников. Одна группа регулярно демонстрировала, что обладает большей властью и влиянием, чем любая другая — разработчики программного обеспечения. Люди, которые поддерживают и обновляют код Bitcoin, имеют наибольшее влияние на сеть. В большинстве криптовалютных проектов, не только в Биткойне, разработчики определяют направление развития. И что примечательно, разработчики программного обеспечения не финансируют себя сами. Им нужно как-то получать оплату. Поэтому реальная динамика власти в криптовалютном проекте *определяется тем, как разработчики программного обеспечения принимают решения и получают деньги*. История BTC — это поучительный пример того, что происходит, когда действия разработчиков идут вразрез с интересами остальных участников проекта.

Биткойн известен как проект с "открытым исходным кодом", это означает, что весь код находится в открытом доступе, и кто угодно может свободно просматривать, использовать и изменять его без обременительных лицензионных ограничений. Эта особенность часто искажается теми, кто хочет сказать, что централизованных органов, контролирующих программное обеспечение, не существует. Вся риторика, связанная с разработкой Биткойна, звучит так, будто процесс открыт и меритократичен (определяется принципами качества и эффективности — прим. переводчика): если вы напишете хороший код, он будет автоматически включён в программное обеспечение. Даже на сайте Bitcoin.org написано: *Биткойн — это свободное программное обеспечение, и любой разработчик может внести свой вклад в проект.*"2 Но это просто неправда. Существует строгая иерархия, которая определяет, какой код будет добавлен в программное обеспечение, и есть конкретные люди, которые имеют право утверждать или отклонять изменения кода. Если вы придерживаетесь иной философии, чем эти люди, — например, если вы согласны с Сатоши и считаете, что ограничение на размер блока должно быть увеличено или отменено, — то, каким бы хорошим ни был ваш код, его не примут.

Чтобы внести хоть какой-то вклад, вы должны убедить нужных людей. Если им не понравится ваша идея или вы им не понравитесь лично, они могут просто проигнорировать вас. Разработка Биткойна — это такое же *социальное* явление, как и любое другое. Вместо того чтобы говорить: "Любой может внести свой вклад в проект," правильнее было бы сказать: "Любой, кто согласен с философией горстки ключевых разработчиков и их видением Биткойна, кто согласен с их процессом разработки и иерархией и кого они принимают, может предоставить код для оценки!" Но это не похоже на децентрализацию, не так ли? Реальность ситуации хорошо подытожила профессор Хилари Аллен из Американского университета. На слушаниях в Конгрессе в конце 2022 года она заявила группе американских сенаторов:

Обычно мы слышим, что криптовалюта отличается тем, что она децентрализована, но на самом деле она не децентрализована. На каждом уровне есть люди, контролирующие ситуацию. Мы слышали, что Биткойн децентрализован. Так вот, Биткойн контролируется несколькими ключевыми разработчиками программного обеспечения — их менее десяти, и они могут вносить изменения в программное обеспечение, а затем это программное обеспечение используется майнинговыми пулами, которых всего несколько. Так что во всех этих сферах определённо есть люди — часто совсем мало людей, — которые дергают за ниточки.[3]

Она не ошибается, несмотря на то, что её выводы не соответствуют общепринятому представлению о разработке программного обеспечения Биткойна. Самые настойчивые сторонники Биткойна скажут, что программное обеспечение не подвержено централизованному контролю, указав на то, что технически любой может скачать исходный код Биткойна, открыть его и изменить на своём компьютере. Хотя это и верно, но вводит в заблуждение. Изменение кода на вашем компьютере не меняет код, который используют все остальные. Если вы измените не те части кода, например ограничение размера блоков, вас мгновенно вычеркнут из сети. "Официальное" программное обеспечение, которое скачивают все и которое используют около 99% индустрии, контролируется горсткой людей, владеющих ключами к коду. В конечном итоге они определяют, что будет добавлено, удалено и изменено для всех остальных.

Преемственность ключей

Сам факт наличия структуры управления разработкой программного обеспечения для Bitcoin Core по своей сути не является чем-то плохим. Решения должны как-то приниматься. Ни один программный проект не может быть успешным, если любой может менять код по своей прихоти. Но учитывая, что в эту сеть сейчас вложены сотни миллиардов долларов, *кто* и *как* именно может обновлять код?

Ключи к развитию Bitcoin Core прошли определённый путь. В январе 2009 года управление было простым: Сатоши Накамото был главным. Все изменения в коде должны были быть одобрены им лично, и возражений против его полномочий не было. В интервью

2015 года Гэвин Андресен вспоминал ранний процесс управления:

> В прошлом всё было очень просто. В самом начале Сато-
> ши решал, что делать, и именно с этого мы начали. У нас
> был один исходный код. У нас был один псевдоним/чело-
> век, который принимал все решения о том, "каким должен
> быть Биткойн", "как он должен развиваться", "что он дол-
> жен делать". С этого мы и начали.[4]

К концу 2010 года Сатоши решил, что ему нужен кто-то другой
для управления проектом. Поэтому он выбрал Андресена, который
разделял то же видение Биткойна. 19 декабря 2010 года Андресен
написал на форуме:

> С благословения Сатоши, но с большой неохотой, я соби-
> раюсь начать более активно заниматься управлением про-
> ектом Биткойна. Пожалуйста, будьте терпеливы ко мне; у
> меня был большой опыт управления проектами в старта-
> пах, но это первый проект с открытым исходным кодом, в
> котором я участвовал.[5]

Андресен стал образным "наследником" Сатоши и был главным
мейнтейнером до 2014 года. В отличие от Сатоши, он был не единственным человеком, которому разрешалось вносить изменения
в код, потому что в самом начале он решил дать эти полномочия
нескольким другим. Он объяснил, почему:

> Как только Сатоши отошёл от дел и переложил проект на
> мои плечи, одним из первых моих действий стала попыт-
> ка децентрализовать его, чтобы, если меня собьёт автобус,
> было понятно, что проект будет продолжаться. Вот почему
> на данный момент доступ к исходному дереву Биткойна на
> Github имеют пять человек.[6]

Решение Андресена было разумным и благонамеренным, но, к сожалению, оно имело непредвиденные последствия и в ретроспективе выглядит как стратегическая ошибка. Он предоставил нескольким другим людям "доступ к коммитам", то есть возможность изменять код в официальном онлайн-репозитории, но не все они были согласны с видением Сатоши относительно больших блоков и низких тарифов на транзакции. Некоторые, очевидно, считали, что могут создать лучшую систему. Философские разногласия между разработчиками привели к чрезмерным задержкам в развитии проекта и возникновению фракций. В конце концов, одна из фракций создала собственную компанию, и вскоре после этого фракции превратились во враждующие лагеря.

В 2014 году Андресен заявил, что переходит от повседневного обслуживания Bitcoin Core к исследованиям более высокого уровня, и выбрал в качестве своего преемника Владимира ван дер Лаана. Ван дер Лаан активно участвовал в работе над кодом Bitcoin, но в итоге оказался самым пассивным из трёх руководителей проекта, позволив критическим решениям остаться нереализованными. Майк Хирн поделился своим разочарованием по поводу отсутствия компетентного руководства в Bitcoin Core в 2015 году:

Что мы видели в Bitcoin Core, так это то, что он начинался как традиционный проект с открытым исходным кодом. Сатоши был руководителем. Затем он делегировал полномочия Гэвину, и Гэвин был руководителем, а затем Гэвин делегировал полномочия Владимиру, и Владимир стал руководителем, и это совершенно нормально для любого технического проекта. У вас есть один лидер, который выслушивает мнения людей и принимает решение. Владимир, к сожалению, предпочитает не принимать решений, я бы сказал. Не думаю, что он не согласился бы с этой характеристикой. Когда возникает какой-то спор, он, как правило, остаётся в стороне и надеется, что спор разрешится и все придут к соглашению, а когда этого не происходит, он просто игнорирует происходящее.

Так что Bitcoin Core за последние несколько лет стал управляем так называемым правилом консенсуса, но на самом деле это гораздо больше похоже на то, что каждый, имеет право вето, и до тех пор, пока кто-то возражает или делает смутно звучащие интеллектуальные возражения, консенсуса нет, и, следовательно, изменения не произойдут. [Это] стало огромной проблемой, особенно потому, что некоторые люди, имеющие доступ к коммитам и любящие приводить подобные аргументы... им нравится придумывать сложные теории и сложные предложения по переделке Биткойна... и в результате, как правило, происходит то, что более практичные повседневные нужды разработчиков игнорируются.[7]

Эти проблемы так и не были устранены, и в результате в 2016 году Хирн полностью покинул проект. После своего ухода он опубликовал фантастическое эссе под названием *Разрешение эксперимента с Биткойном*, которое с тех пор стало обязательным к прочтению для всех, кто пытается изучить теорию и историю Биткойна. В нём он объясняет, почему структура управления потерпела неудачу, что привело к краху BTC с точки зрения его первоначального замысла:

В компании, когда человек не разделяет цели организации, поступили бы просто: уволили бы его. Но Bitcoin Core — это проект с открытым исходным кодом, а не компания. После того как были выбраны 5 разработчиков с коммит-доступом к коду, а Гэвин решил, что не хочет быть лидером, не существовало процедуры, отстранения разработчиков. Не было также никаких собеседований или отбора, чтобы убедиться, что разработчики действительно согласны с целями проекта.

По мере того как Биткойн становился всё более популярным и объём транзакций начал приближаться к лимиту в 1 Мб, между разработчиками время от времени поднималась тема увеличения размера блока. Но это быстро превратилось в эмоционально насыщенную тему. Посыпались обвинения в том, что повышение лимита слишком рискованно, что это противоречит децентрализации и так далее. Как и во многих небольших группах, люди предпочитают избегать конфликтов. Проблема была отложена на потом. Всё усложнилось тем, что [Core разработчик Грег] Максвелл основал компанию, которая затем наняла ещё нескольких разработчиков. Неудивительно, что их взгляды начали меняться, чтобы совпасть с мнением их нового босса...[8]

Я согласен с анализом Хирна и часто задавался вопросом, что бы произошло, если бы Андресен выбрал других разработчиков для разделения своих полномочий, или если бы он остался единственным человеком с доступом к коммитам, или если бы индустрия полностью отказалась от разработчиков Bitcoin Core и выбрала другую команду — ситуация, которая почти произошла в 2015, 2016 и снова в 2017 году. Чтобы понять, как разработка программного обеспечения стала настолько централизованной, полезно сначала разобраться, откуда взялся Bitcoin Core.

Происхождение Bitcoin Core

До 2013 года не существовало такого понятия, как "Bitcoin Core". До этого момента всё называлось "Биткойн" — программное обеспечение, валютная единица и сеть, — что вносило ненужную путаницу в проект, который и так имел репутацию запутанного. Поэтому в ноябре 2013 года было выдвинуто предложение изменить название программного обеспечения:

> Чтобы устранить путаницу между сетью Биткойн и имплементацией клиента, которую мы поддерживаем в этом репозитории и которая носит идентичное название "Биткойн", мы хотели бы провести ребрендинг клиента.[9]

Это предложение не вызвало никаких споров. Гэвин Андресен согласился с ним, заявив: *"Сейчас самое подходящее время для смены названия, давайте сделаем это"*. С этого момента программное обеспечение было переименовано в "Bitcoin Core", а его разработчики стали разработчиками "Bitcoin Core". Несмотря на то, что происходило в последующие годы, происхождение Bitcoin Core не было злонамеренным.

После ухода Сатоши Bitcoin Core даже не должен был быть единственной программной реализацией протокола Bitcoin. Идея заключалась в том, чтобы иметь несколько реализаций, а не только программное обеспечение Core, чтобы удовлетворить конкретные нужды. Майнеры, например, могли бы создать собственную версию, ориентированную на быструю проверку транзакций, а узлы могли бы специализироваться на других функциях. Во время замечательного интервью в 2015 году Андресен объяснил:

> Очень важно, чтобы люди разделили в своей голове протокол "Биткойн" — который вы знаете, Биткойн — систему, которую мы все используем для транзакций, и проект программного обеспечения с открытым исходным кодом Bitcoin Core, который живет на GitHub и в который многие люди добавляют свой код. На самом деле это не одно и то же. Я называю Bitcoin Core "справочной реализацией",

и я называю его так уже много лет, и это подразумевает, что
будут и другие реализации протокола Bitcoin.[10]

Нетрудно понять, почему наличие нескольких реализаций —
хорошая идея. Помимо выявления ошибок, которые может упустить одна команда, наличие нескольких реализаций — это самый
простой способ предотвратить захват со стороны разработчиков.
Для проекта, который должен быть направлен на децентрализацию
власти, было бы критическим недостатком позволить одной группе
контролировать разработку программного обеспечения для всей
сети. Андресен продолжает:

> Когда мы думаем об управлении, мы должны думать об
> управлении "как будет развиваться протокол" отдельно от
> "как будет развиваться и управляться Bitcoin Core, одна
> из версий кода реализации". Я думаю, что существуют два
> отдельных процесса управления, [но] поскольку мы начали с одного исходного кода, который определял протокол
> и был единственным, что кто-либо когда-либо запускал,
> многие не делают такого разделения.
>
> Но я думаю, что действительно важно думать о протоколе
> отдельно от этого исходного кода... Я уже давно говорю,
> что хочу дойти до того момента, когда будет существовать
> несколько надежных реализаций.[11]

Майк Хирн разделял эту точку зрения и считал, что она необходима для настоящей децентрализации. На первый взгляд может
показаться, что желание Хирна иметь одного человека, такого как
Сатоши, принимающего окончательные решения по программному
обеспечению, противоречит возможности поддерживать децентрализованный проект, но он объясняет, почему эти две идеи совместимы:

Интервьюер: «Если мы предположим, что Bitcoin Core продолжает оказывать такое [влияние] на определение правил, то мне кажется немного странным аргумент, что эти пять человек могут договориться: "Давайте просто отдадим всю власть одному человеку". Я имею в виду, что это может быть нормально, пока Гэвин там и он разумный человек, но это действительно кажется противоречащим всей идее децентрализованной системы...»

Майк Хирн: «Вовсе нет. Децентрализация Биткойна происходит не от того, что там пять человек, а не три или два, верно? Или даже всего один. С тем же успехом можно сказать: "В центральном банке есть комитет, который определяет монетарную политику, поэтому доллар децентрализован". Нет никакого смысла рассматривать систему таким образом.

Децентрализация в Биткойне происходит от того, что каждый может сделать аудит блокчейна и самостоятельно проверить правила. Она обусловлена тем, что существует конкурентный рынок реализаций и, в конечном счете, тем, что люди могут переходить на другие реализации и форкать (делать копию текущего кода и модифицировать ее — прим. переводчика) блокчейн, если захотят».[12]

Со временем в BTC появились и другие реализации. Как только стало ясно, что разработчики Core отказываются увеличивать лимит размера блоков, индустрия неоднократно пыталась перейти на другие реализации. Но каждый раз эти альтернативы подвергались атакам вместе с бизнесом, который их поддерживал. Всё — от атак типа "отказ в обслуживании" до фальшивых обзоров приложений, массовой цензуры и клеветнических кампаний в социальных сетях — использовалось для того, чтобы отбить у людей желание использовать альтернативы Bitcoin Core.

Именно поэтому сегодня на их программном обеспечении работает около 99% узлов BTC, а люди, которым нужны большие блоки, используют альтернативные монеты, такие как Bitcoin Cash. Неспособность децентрализовать разработку программного обеспечения привела к тому, что в проекте полностью доминирует одна группа, поддерживающая единственный репозиторий кода на GitHub. Теперь, когда изменения в дизайне Биткойна и его централизованная структура разработки стали понятны, история Биткойна может быть воспроизведена с большей ясностью.

11

Четыре эпохи

Единой, авторитетной истории Биткойна никогда не будет, потому что эта история слишком сложна, чтобы один человек мог увидеть всю правду. Я могу поделиться своей точкой зрения, воспоминаниями и личным опытом, который, как я знаю, схож с опытом других ранних последователей и бизнесменов, работавших с технологией с самого начала. На мой взгляд, Биткойн прошел через четыре различные эпохи, каждая из которых имеет свою культуру, иерархию лидеров, уровень развития индустрии и отношение к широкой публике. Эти эпохи сливаются друг с другом и не имеют точных дат начала или окончания, но они всё равно являются полезным инструментом для реконструкции истории, чтобы лучше понять текущее положение вещей.

Эра	Первая	Вторая	Третья	Четвёртая
Культура	Технари и либертарианцы	Сосредоточение на росте	Гражданская война	Фокус на цену
Иерархия лидерства	Сатоши Накамото	Гэвин Андресен	Оспариваемая	Bitcoin Core
Развитие отрасли	Не существует	Молодая	Растущая	Мейнстрим
Общественная осведомленность	Неизвестно	Скептическая	Хайп	Мейнстрим

1) Первая Эра: Неизвестность
С ~2009 по ~2011 гг.

Первая эпоха была определена неизвестностью. Сегодня, когда о нём постоянно говорят в новостях и раздувают шумиху, трудно поверить, что Биткойн был практически неизвестен в течение многих лет. Всё сообщество существовало в рамках нескольких онлайн-форумов, списков рассылки криптовалют и нишевых либертарианских кругов. Прошло несколько лет, прежде чем к нему было привлечено серьёзное внимание общественности. В самом начале было неясно, будет ли Биткойн вообще работать, не говоря уже о том, чтобы стать международной сенсацией. Даже первопроходцы рассматривали его как технологию с неопределённым будущим. Гэвин Андресен в своём блоге в 2012 году предупреждал:

> ПРЕДУПРЕЖДЕНИЕ: Я говорю это уже несколько лет, но это по-прежнему правда: Биткойн — это эксперимент. Вкладывайте в него только то время или деньги, которые вы можете позволить себе потерять![1]

Моё знакомство с первой эпохой началось в конце 2010 года, когда я впервые услышал о Биткойне в радиопередаче Free Talk Live. Звучало это слишком хорошо, чтобы быть правдой — быстрые, дешёвые, цифровые деньги, которые не выпускаются центральным банком и не контролируются политическими силами. Я знал, что если эта технология будет работать так, как заявлено в рекламе, то сможет открыть новую эру глобального процветания и свободы. Поэтому я должен был узнать больше. Следующие десять дней прошли в напряжённой работе: всё моё свободное время было посвящено изучению Биткойна. Я искал в интернете любую новую информацию — статьи, записи в блогах, обсуждения на форумах, всё, что касалось новой технологии. Ночи стали более поздними, и в конце концов мой сон превратился в короткую дремоту. Я просыпался и сразу же продолжал исследования.

Мой энтузиазм принёс неприятности. В то время как моему разуму нравилось изучать Биткойн, моему телу это не нравилось. Я не ел достаточно пищи и не высыпался, а надоедливая царапина в горле становилась всё сильнее. После десяти дней такой работы моё здоровье ухудшилось настолько, что это уже нельзя было игнорировать. Я был совершенно измотан и не мог даже отвезти себя к врачу. Тогда я позвонил своему другу Кевину, и он отвёз меня в больницу. Врачи знакомы со случаями запойного пьянства, но я, возможно, первый человек, попавший в больницу из-за запойного чтения! Они сказали, что мне нужно успокоиться и поспать. Мне дали успокоительное, и, проспав почти двадцать часов подряд, я почувствовал себя гораздо лучше. На следующий день я уехал и решил возобновить свои исследования (разумеется, в несколько замедленном темпе). Так началось моё путешествие с Биткойном.

Первые энтузиасты старались не слишком оптимистично относиться к новой технологии, но я не был столь осторожен. Я думал, что Биткойн изменит мир, и был уверен, что он улучшит жизнь миллиардов людей. Я знал, что мне нужно купить несколько, ведь такое ценное изобретение практически гарантированно будет расти в цене. Но в те дни купить что-либо было сложно. О Биткойне почти ничего не было слышно, и лишь несколько энтузиастов торговали монетами на малоизвестных сайтах.

Первая крупная Биткойн-биржа была фактически перепрофилированным сайтом, который изначально был создан для торговли игральными картами Magic: The Gathering. По сравнению с современными криптовалютными биржами, пользовательский опыт был не совсем гладким. Чтобы купить свои первые Биткойны, я не мог воспользоваться ни PayPal, ни депозитом ACH, ни кредитной картой. Вместо этого мне пришлось отправить перевод непосредственно на личный банковский счёт Джеда Маккалеба, владельца сайта. К счастью, он помог, и я успешно приобрёл свои первые Биткойны по цене менее чем доллар за каждый.

В то время я не мог по-настоящему использовать свой Биткойн, поскольку никто не принимал его в качестве оплаты. Поэтому я решил, что моя компания MemoryDealers.com будет первой. Мы продавали компьютерные комплектующие онлайн и, насколько мне известно, стали первым розничным продавцом, принимавшим Биткойн к оплате. Из своего опыта работы в электронной коммерции я знал, что существует огромный спрос на онлайн-валюту, которую можно использовать где угодно и с минимальными комиссиями, и чем больше Биткойн будет использоваться в коммерции, тем ценнее он будет становиться и тем больше свободы принесёт миру.

Продажа наших товаров за Биткойны оказалась удачным решением, потому что Биткойн-энтузиасты со всего мира охотно тратили свою новую цифровую валюту. Это не только увеличило наши продажи, но и стало отличным способом накопить больше Биткойнов. Вместо того чтобы отправлять личные банковские переводы, я просто продавал товары онлайн в обмен на Биткойны. Вскоре после этого мы повесили ставшую знаменитой вывеску в Кремниевой долине, гордо сообщающую, что "Мы принимаем Биткойн". Я уверен, что 99,9% людей, которые её видели, никогда не слышали о Биткойне, но в этом и был смысл.

Рисунок 4: Наш рекламный щит с надписью "Мы принимаем Биткойн".

На протяжении большей части первой эры Сатоши обеспечивал основное идеологическое и технологическое руководство. В первых сообщениях на форуме он получал множество вопросов о дизайне Биткойна, особенно о масштабировании, и давал убедительные ответы, которые сформировали видение, привлекшее в проект так много людей.

2) Вторая эпоха: Рост и оптимизм
С ~2011 по ~2014 гг.

Вторая эпоха определялась ростом совершенно новой индустрии и заразительным оптимизмом всего Биткойн-сообщества. Возводился фундамент новой финансовой системы, и мне довелось заложить несколько кирпичей. Это было одно из самых захватывающих времён в моей жизни. Мы, Биткойнеры, были небольшой группой, но у нас было нечто особенное. Мы не только делали деньги, но и знали, что у нас есть огромная возможность изменить мир в положительную сторону.

В то время не существовало реальной коммерческой инфраструктуры, мы начинали с нуля. Нам нужно было больше продавцов, принимающих Биткойн, больше бирж для торговли и более простые инструменты для его использования. Нам нужны были новые компании, но в 2011 году индустрия венчурного капитала ещё не открыла для себя Биткойн. В итоге я стал первым в мире инвестором в Биткойн-стартапы. Рынок был настолько молод, что почти любая успешная инвестиция приносила пользу всем, особенно если она решала основные проблемы, с которыми мы все сталкивались. Например, волатильность цен была известной проблемой, из-за которой торговцы не решались принимать Биткойн к оплате. Поэтому я ухватился за возможность предоставить начальное финансирование BitPay, стартапу, который позволял торговцам принимать Биткойн и сразу же конвертировать его в фиат, устраняя риск волатильности. Их сервис оказался крайне важен для получения массового признания, и с тех пор BitPay стала одной из самых важных компаний во всём криптовалютном мире.

Другие ранние инвестиции были сделаны в такие компании, как Blockchain.info, которая позволяла пользователям тратить и получать Биткойны без загрузки какого-либо программного обеспечения, создав онлайн-кошелёк, доступный через веб-браузер. Компании Kraken, BitInstant и Shapeshift значительно упростили процесс приобретения Биткойнов, а Purse.io позволила пользователям тратить свои монеты на Amazon. Хотя за мной закрепилось прозвище "Биткойн Иисус", мне больше нравится думать, что моя роль в истории Биткойна больше похожа на роль "Биткойн Джонни Яблочного сада", который помог многим из первых компаний получить финансирование.

Пожалуй, самой забавной проблемой, которую пришлось решать в ту эпоху, была простая неосведомлённость о Биткойне. Везде, где я путешествовал, я спрашивал людей, принимают ли они Биткойн. Большинство из них, конечно, понятия не имели, о чём я говорю. И тогда я стал рассказывать им об этом. Я пытался убедить каждого владельца бизнеса принять валюту будущего и воспользоваться преимуществами роста популярности. Если бы они объявили, что принимают Биткойн онлайн, то сразу же получили бы волну новых клиентов, желающих потратить свои монеты. Первые пользователи Биткойна часто стремились потратить свою новую валюту в коммерции, поскольку все знали, что если Биткойн станет новой формой денег, то и мы все станем успешными. Если известная компания начинала принимать его, сообщество праздновало так, словно наша команда только что выиграла чемпионат мира по футболу. Сегодня, если крупная компания объявляет о том, что принимает криптовалюту к оплате, это едва ли попадает в новости. Но тогда Биткойн боролся за доверие, его общественная репутация колебалась между "непонятной новинкой для ботаников" и "валютой для преступников". Поэтому, когда такие гиганты, как Newegg или Microsoft, решили принимать Биткойн к оплате, это стало настоящим поводом для праздника и серьёзной вехой для индустрии.

Сообщество было в целом гармоничным и объединялось вокруг одного и того же видения Биткойна как цифровой валюты, созданной для транзакций с низкими комиссиями, доступной любому человеку, имеющему подключение к Интернету, и способной масштабироваться для достижения массового использования. Гэвин Андресен был ведущим программистом, а Майк Хирн стал влиятельным техническим лидером — оба они разделяли одно и то же видение. Если бы вы посетили одну из многочисленных встреч Биткойн-групп по всему миру, вы бы услышали от всех них одну и ту же историю. Если бы вы поговорили с самыми влиятельными предпринимателями, вы бы услышали то же самое. Но, несмотря на более широкое объединение индустрии, среди разработчиков начали появляться группировки, небольшая группа которых хотела направить Биткойн в другое русло.

3) Третья эпоха: Гражданская война
С ~2014 по ~2017 гг.

Самым важным периодом в истории Биткойна была эпоха Гражданской войны. По сути, вся современная криптовалютная индустрия до сих пор определяется событиями, произошедшими в период с 2014 по 2017 год. Эта эпоха была самой уродливой из всех, наполненной личными нападками, массовой цензурой, пропагандой, манипуляциями в социальных сетях, неудачными конференциями, невыполненными обещаниями, а в конечном итоге — провалом сети и расколом на Bitcoin Cash. Вскоре после того, как Андресен назначил Ван дер Лаана ответственным за работу Bitcoin Core, внутренние фракции ещё больше укрепились и стали враждебно относиться друг к другу, а дебаты о размере блоков стали токсичными. Несколько ключевых разработчиков Core создали свою собственную компанию под названием Blockstream, которая, безусловно, является самой влиятельной компанией, участвующей в разработке программного обеспечения Биткойна и играющей центральную роль в его захвате. Если бы вы посетили крупнейшие компании в то время, то услышали бы почти повсеместную критику в адрес разработчиков Core за то, что они затормозили рост Биткойна и ограничили его полезность. Несколько видных разработчиков даже публично предупреждали о том, что BTC захватывают, пока это происходило.

В это время индустрия отчаянно пыталась сохранить сообщество и масштабировать технологию, предпринимая многочисленные попытки обойти разработчиков Core, но эти попытки в итоге оказались безуспешными. Было организовано несколько конференций, чтобы попытаться найти решение. В 2016 году Брайан Армстронг посетил одну из таких конференций и написал статью о своих впечатлениях:

> Думаю, организаторы конференции надеялись на некий консенсус, однако к концу стало ясно, что разногласия слишком велики. Изначально разговоры были сосредоточены на различных компромиссах, чтобы отбросить проблему масштабируемости. Но по мере продолжения разговоров меня всё меньше волновало, какое краткосрочное решение мы выберем, потому что я понял, что у всех нас есть гораздо более серьёзная проблема: системный риск для Биткойна, если Bitcoin Core будет единственной командой, работающей над Биткойном.
>
> В команде Core есть люди с очень высоким IQ, но есть некоторые вещи, которые мне кажутся очень странными, после того как провёл с ними некоторое время в прошлые выходные,... Они предпочитают "идеальные" решения "достаточно хорошим". И если идеального решения не существует, они, похоже, не против бездействия, даже если это подвергает Биткойн риску. Похоже, они твёрдо уверены, что Биткойн не сможет масштабироваться в долгосрочной перспективе, и любое увеличение размера блока — это скользкий путь к будущему, которое они не хотят допустить.
>
> Несмотря на то что Core говорят, что не против хардфорка до 2 МБ, они отказываются ставить его в приоритет... Они считают себя центральными планировщиками сети и защитниками людей. Похоже, они не против, если Биткойн потерпит крах, лишь бы не поступиться своими принципами... На мой взгляд, возможно, самый большой риск в Биткойне сейчас — это, по иронии, одна из тех вещей,

которые больше всего помогли ему в прошлом: разработчики Bitcoin Core.[2]

Мнение Армстронга разделяло подавляющее большинство крупных экономических игроков того времени, включая майнеров. Я помню, как присутствовал на одной из таких конференций и умолял крупнейших майнеров повысить лимит размера блоков. Они были полностью согласны с тем, что его следует повысить, но, желая избежать споров, в итоге уступили Core. С тех пор многие из них стали горячими сторонниками Bitcoin Cash.

В этот период экстремального разделения широкая общественность оставалась практически в неведении, и в конце 2017 года очередная огромная волна инвестиций привела к резкому росту цен на фоне хаоса. Стоимость одного BTC в итоге достигла $20 000, средняя комиссия за транзакцию превысила $50, а среднее время подтверждения транзакции превысило две недели! Впервые в истории Биткойна произошло отторжение, поскольку различные компании отказались от поддержки из-за высоких комиссий и ненадёжных платежей, и нарратив быстро начал смещаться в сторону того, что Биткойн — это "только хранилище ценности", которое не требует низких комиссий. Вместо того чтобы стать инструментом для обычных людей — особенно полезным для жителей развивающихся стран с нестабильными валютами, — акцент сместился на то, чтобы понравиться центральным банкирам и побудить Уолл-стрит к спекуляциям. Руководитель Blockstream Самсон Моу отразил эти настроения, категорично заявив, что "Биткойн не для тех, кто живёт меньше чем на 2 доллара в день"[3]

4) Четвертая эпоха: Мейнстрим
С ~2018 года по настоящее время

Четвертая эра началась во время первого рывка к отметке $20 000, когда новости начали безостановочно освещать Биткойн. Шумиха была настолько сильной, что я помню, как видел бегущий символ тикера в углу передач CNBC, который отслеживал цену даже во время несвязанных сегментов или рекламных роликов — как будто самой важной финансовой новостью в мире была цена одного BTC. Спустя почти десять лет секрет был наконец раскрыт. Биткойн стал мейнстримом. Другие криптовалюты тоже наслаждались лихорадочными спекуляциями на Уолл-стрит. Новая модель привлечения средств позволила волне новых стартапов собрать миллионы с помощью ICO (Initial Coin Offerings) — некоторые с правдоподобными бизнес-моделями, но многие и без них.

Новый нарратив начал укрепляться благодаря таким книгам, как *The Bitcoin Standard*, которая, несмотря на ошибки в ряде важнейших концепций, пользуется широкой популярностью. Одни и те же идеи повторялись на всех наиболее важных дискуссионных каналах, делая философию малых блоков единственной точкой зрения, с которой сталкиваются новички при знакомстве с Биткойном. Первоначальное видение больших блоков и всеобщего доступа к блокчейну было успешно демонизировано, а его история запутана.

Культура навязчиво сосредоточена на цене BTC, независимо от его качеств и пользы в использовании. Каждое событие, независимо от его значимости, оценивается в зависимости от того, как это может повлиять на цену, а не на то, как это может увеличить человеческую свободу или благосостояние. Например, когда правительство Сальвадора объявило о том, что BTC станет официальной валютой, почти не упоминался тот факт, что правительство страны создает кастодиальные кошельки для своих граждан — то есть правительство сможет отслеживать и цензурить транзакции, совершаемые через их приложение, замораживать счета или легко конфисковывать монеты, если решит это сделать. Государственная интеграция — это здорово с точки зрения роста цен и шумихи, но неясно, получит ли от этого хоть какую-то выгоду рядовой гражданин Сальвадора.

Одним из ярких пятен нынешней эпохи является огромное количество проектов в криптовалютной индустрии. Инвесторы со всего мира признают, что эта технология — будущее финансов. Проблема доверия наконец-то решена. Даже если BTC больше не является децентрализованным проектом, индустрия децентрализована, и люди могут выбирать из множества конкурирующих вариантов. Независимо от того, какие проекты будут скомпрометированы в будущем, пока сохраняется свобода выбора, рынок сам разберется, какие монеты лучше использовать.

Несмотря на всеобщую известность Биткойна, в эпоху мейнстрима есть нечто похожее на 2011 год: остается серьезная проблема с осведомленностью. Широкая общественность знает о BTC, но она по-прежнему не знает о первоначальном дизайне и о том, что возможно с Биткойном "большого блока". Я снова считаю себя сторонником той же технологии, которая привела меня в восторг более десяти лет назад! Только на этот раз проблема заключается не в полном отсутствии информации, а скорее в подавляющем количестве плохой информации. На фоне всей этой шумихи и одобрения знаменитостей основные концепции до сих пор не поняты.

Остаток второй части посвящен периоду, во время которого произошли крупнейшие преобразования Биткойна: Гражданской войне, длившейся примерно с 2014 по 2017 год.

12

Предупреждающие знаки

Б ыло бы наивно полагать, что проект, изменяющий мир, такой как Биткойн, останется незамеченным. Международным финансовым силам, как государственным, так и частным, есть что терять, если криптовалюты добьются успеха и останутся за пределами их влияния. Несмотря на оптимизм и единство сообщества Биткойна в первые дни его существования, уже в самом начале появились признаки того, что ситуация не идеальна и без внутренних потрясений не обходится. Помню, как в 2011 году, когда цена взлетела до 30 долларов, главный дискуссионный форум Bitcointalk.org был завален спамом: боты внезапно стали публиковать бесконечные темы с тарабарщиной, что сделало невозможным общение на этом форуме. *Кто-то* обратил на это внимание и хотел нарушить информационные потоки, хотя пока неясно, кто именно.

Видеоклип с анимацией, в котором факты искажаются и фальсифицируются

Пожалуй, первый неоспоримый признак проблем появился в мае 2013 года. Дебаты о размере блоков уже начались, но даже самые консервативные разработчики сходились во мнении, что ограничение в 1 Мб должно быть увеличено. Вопрос заключался в том, когда и до какого уровня. Предлагались различные схемы. Одни хотели постепенного увеличения до 2, 4, затем до 8 Мб. Другие предлагали регулируемый лимит размера блоков, который автоматически подстраивался бы под средний размер последних блоков, а третьи хотели вообще убрать лимит. Но никто не считал, что ограничение максимальной пропускной способности в семь транзакций в секунду — это хорошая идея. Так было до тех пор, пока разработчик Питер Тодд не выпустил анимационное видео под названием «Почему ограничение размера блока сохраняет Биткойн свободным и децентрализованным».

Я считаю анимацию Питера Тодда первым примером хорошо финансируемой, откровенной пропаганды. Она настолько возмутительна, что трудно поверить в то, что она была создана на основе простого различия в философии. Рассказчик объясняет, что во имя децентрализации Биткойн должен навсегда ограничиться блоками размером в 1 Мб:

> У нас есть альтернатива увеличению размера блока: транзакции вне цепи... Вы по-прежнему будете использовать блокчейн для крупных транзакций, но мелкие обмены будут осуществляться платежными процессорами, а значит, такие мелкие покупки, как ваш утренний кофе, не будут засорять всю систему...

В отличие от полностью публичного блокчейна, где вы не можете выбрать, кто майнит ваши транзакции или кому доверить проверку, транзакции в офчейне могут быть мгновенными, действительно приватными, и вы полностью контролируете, кому доверять.

Что вы можете сделать, чтобы сохранить децентрализованность Биткойна? Если вы майнер, добывайте только в пулах, которые поддерживают сохранение лимита размера блока, и попросите свой пул публично заявить об этом. Если вы пользователь, игнорируйте всех, кто пытается изменить программное обеспечение Биткойна, которое вы используете, чтобы увеличить размер блока в 1 Мб, и скажите людям, с которыми вы совершаете сделки, что вы за сохранение децентрализации Биткойна вне контроля существующей корпоративной системы.[1]

Абсурдность этого предложения в то время невозможно переоценить. Хотя сегодня это звучит как нечто довольно обычное, в 2013 году его считали нелепым даже такие ярые сторонники малых блоков, как Грег Максвелл, который писал:

Я немного сокрушаюсь по поводу чрезмерного упрощения видео... и немного беспокоюсь о том, что через пару лет станет ясно, что 2 Мб или 10 Мб или что бы то ни было абсолютно безопасно по сравнению с другими проблемами — возможно, даже мобильные устройства с tor могут стать полноценными узлами с блоками по 10 Мб в Интернете в 2023 году, и к тому времени объем транзакций может быть достаточно большим, чтобы удерживать комиссии на достаточно высоком уровне для обеспечения безопасности — и, возможно, некоторые люди будут догматично поддерживать ограничение в 1 Мб, потому что они посмотрели видео и думают, что 1 Мб — это волшебное число, а не сегодняшний консервативный компромисс.[2]

Другие сторонники Биткойна выражали гнев и презрение к видео-анимации на всех онлайн-форумах. Не только содержание видео было высмеяно, но и тот тревожный факт, что оно исходило от инсайдера — влиятельного разработчика Питера Тодда, — также вызвал недоумение. Чувства Биткойн-сообщества были ясно выражены в разделе комментариев к видео:

«Надеюсь, эти идиоты не погубят Биткойн, убедив людей держать размер блоков маленьким. Что может быть лучше для того, чтобы Биткойн оставался крошечным и неважным средством транзакций...»

«Переход от информации к дезинформации на 0:55, полный кринж на 1:28 и Оруэлл на 2:28».

«Это видео — опасная пропаганда и маркетинговая чушь. Вас вводят в заблуждение, очнитесь!»

«Что это за дерьмовая ложь!? Все нормально до 0:45 Остальное описывает сеть Биткойна, которая идет вразрез с возможностями масштабирования, описанными Сатоши, так что сохранение этого лимита нарушит социальный контракт с пользователями».

Чтобы понять всю ярость, направленную на создателей этого видео, стоит проанализировать сценарий немного глубже, чтобы увидеть, как оно защищает всё противоположное тому, за что выступает Биткойн. Рассмотрим этот раздел:

У нас есть альтернатива увеличению размера блока: транзакции вне цепи... Вы по-прежнему будете использовать блокчейн для крупных транзакций, но мелкие обмены будут осуществляться платежными процессорами, а значит, небольшие покупки вроде вашего утреннего кофе не будут засорять всю систему...

Другими словами, альтернатива использованию Биткойна — не использовать Биткойн. Полагаться на третьих лиц для обработки мелких платежей — противоречит идее цифровых денег. Небольшие покупки не «засоряют» систему; система была специально построена для них. Использование транзакций на цепочке только для крупных сумм — это ограниченное использование Биткойна, предназначенное для богатых пользователей. Обычные люди не могут позволить себе платить дополнительные 5 долларов за каждую денежную транзакцию, не говоря уже о 50 или 500 с лишним долларах, а в большинстве стран мира отсутствует инфраструктура для обработки криптовалютных платежей.

Крупные транзакции также с большей вероятностью будут контролироваться и регулироваться финансовыми властями, особенно если люди будут вынуждены использовать кастодиальные кошельки. Блокчейн не даст значительных улучшений по сравнению с существующими системами, поскольку большинство людей не собирается покупать машину, дом или обналичивать часть своей пенсии без государственного надзора. Если Биткойн нельзя будет использовать в качестве наличных, большая часть мира не будет использовать его вообще. Сценарий продолжается:

> В отличие от полностью публичного блокчейна, где вы не можете выбрать, кто майнит ваши транзакции или кому доверить проверку, транзакции в офчейне могут быть мгновенными, действительно приватными, и вы полностью контролируете, кому доверять.

Надо отдать должное создателям — они выпустили действительно впечатляющий пропагандистский материал! Они создают проблему на пустом месте, а затем предлагают своё новое решение, которое заключается в том, чтобы вообще не использовать Биткойн.

У 99,9% пользователей нет причин заботиться о том, кто майнит или подтверждает их транзакции. Пока их транзакции попадают в блок, это главное. И помните, что сами пользователи могут подтверждать свои транзакции без полного узла; они просто не могут подтверждать транзакции других людей. Утверждение о том, что транзакции вне цепочки действительно приватны, также неверно. На практике два реализованных в настоящее время решения для транзакций вне цепи — Lightning Network и предполагаемые «сторонние цепочки» — являются сильно централизованными для обычных пользователей. Неудачи обеих этих технологий обсуждаются далее.

Ловкое, вводящее в заблуждение видео Питера Тодда стало важной вехой в истории Биткойна, и это не единственное, что вызвало подозрения из того, что он сделал в 2013 году.

Мгновенные транзакции? Слишком рискованно

Цифровые деньги должны совершать транзакции мгновенно. Трудно представить, что криптовалюта станет успешной и будет использоваться в качестве наличных, если её транзакции занимают более нескольких секунд. По замыслу, Биткойн с самого начала допускал мгновенные транзакции, и я использовал их каждый день в своём бизнесе и когда рассказывал о Биткойне. Но, несмотря на очевидную важность этой функции, некоторые разработчики Core решили, что мгновенные транзакции «слишком рискованны», и намеренно сломали функциональность Bitcoin, чтобы препятствовать им.

Как объяснялось в главе 2, транзакции Биткойна объединяются майнерами в блоки. Каждый блок основывается на предыдущем, повышая уровень безопасности с каждым новым блоком. Представьте, что транзакция только что была добавлена в блок; мы назовём первый блок «Блок 1». В этот момент мы говорим, что транзакция имеет «одно подтверждение». Когда появляется блок 2, он усиливает безопасность всех транзакций в блоке 1, и мы говорим, что у нашей первоначальной транзакции теперь «два подтверждения». То же самое справедливо для блоков 3, 4, 5 и так далее. Традиционно, чтобы обеспечить максимальную безопасность транзакций, необходимо дождаться создания шести блоков, или шести подтверждений, что в среднем занимает один час.

Как быть с транзакциями, которые были созданы, но ещё не добавлены в блок? Такие транзакции называются «транзакциями с нулевым подтверждением», или сокращенно «zero-conf». Отправка и получение транзакций с нулевым подтверждением занимают всего несколько секунд, хотя по своей сути они менее безопасны. Менее совершенная безопасность не является сложной для понимания концепцией, равно как и не является уникальной идеей для любого предпринимателя, но некоторые разработчики, очевидно, посчитали её неприемлемой.

Допустим, мы хотим обыграть систему, воспользовавшись транзакциями с нулевым подтверждением. Представьте, что у нас есть BTC на 200 долларов. Перед нами два магазина, Алисы и Боба, и мы хотим обмануть один из них. Поэтому мы заходим в магазин Алисы, покупаем товар на 150 долларов и платим комиссию за транзакцию в размере 40 долларов. Наша транзакция видна в сети, но она ещё не добавлена в блок. Поэтому мы сразу же заходим в магазин Боба и тратим те же 150 долларов BTC. Поскольку одни и те же монеты пытаются потратить дважды — «двойная трата», — обе транзакции не могут быть добавлены в блок. Только одна будет принята и включена в блокчейн, а это значит, что либо Алиса, либо Боб будут обмануты на 150 долларов. В силу того, как устроен Биткойн, теоретически такое возможно, и иногда двойные траты действительно случаются. Значит ли это, что система сломана? Конечно же, нет.

Простое и элегантное решение было частью дизайна Биткойна с самого начала. Оно называется «правилом первого просмотра». Майнеры и узлы ведут список транзакций с нулевым подтверждением, которые ожидают добавления в блок. Правило первого увиденного гласит, что при наличии двух конфликтующих транзакций побеждает та, которая была увидена первой. Таким образом, в нашем предыдущем примере, после отправки 150 долларов Алисе, сеть Биткойна уже знала об этой транзакции и просто отклонила бы попытку двойной траты этих денег Бобом.

Первое увиденное правило не было обязательным и не соблюдалось на уровне протокола. Это была простая и разумная политика, которой должны были следовать майнеры и узлы, поскольку она позволяла проводить мгновенные транзакции. Однако оно также позволяло использовать сложные теоретические схемы для обмана торговцев, например, сотрудничая с коррумпированными майнерами. Несмотря на наличие социальных и экономических стимулов, препятствующих такой коррупции, и способность предпринимателей управлять этими рисками, как они это уже делают с другими способами оплаты, некоторые разработчики решили, что любая теоретическая незащищённость — это недостаток дизайна, который необходимо исправить на уровне кода. Так они пришли к идее кнопки отмены.

Кнопка отмены

Вместо правила «первый увидел» Питер Тодд предложил патч «замена на комиссию» (RBF), который гласил, что при появлении двух конфликтующих транзакций побеждает та, у которой комиссия выше. Таким образом, отправив Алисе транзакцию на 150 долларов с комиссией в 40 долларов, мы можем зайти в магазин Боба, потратить те же 150 долларов с комиссией в 50 долларов, и сеть примет вторую транзакцию как действительную. Такая политика облегчает двойные траты, фактически нарушая надёжность транзакций с нулевым подтверждением, что и было явной целью Тодда. На онлайн-форумах Питер Тодд опубликовал тему под названием «Напоминание: транзакции с нулевым подтверждением небезопасны; объявлено вознаграждение в 1000 долларов за патч с заменой комиссии», в которой он написал:

> Сегодня утром некто по имени Джон Диллон отправил письмо в список электронной почты разработчиков Биткойна, предложив вознаграждение в размере 500 долларов (позже оно было увеличено до 1000 долларов) тому, кто добавит патч, заменяющий транзакции на платные. Эту идею я опубликовал в списке электронной почты два дня назад:
>
> *В любом случае, более актуальным вопросом... является изменение комиссий, взимаемых с транзакций после их совершения...*
>
> *Чем больше я думаю над этим вопросом, тем больше мне кажется, что нам следует пресечь это безумие с нулевым подтверждением в зародыше: изменить правила ретрансляции таким образом, чтобы транзакции заменялись на основании комиссии, независимо от того, как это изменит результаты транзакций. Конечно, это сделает двойные траты на неподтверждённые транзакции тривиальными. С другой стороны... это позволит нам реализовать ограничивающую кнопку «отмены» для случаев, когда люди облажаются...*
>
> *Мы снова и снова говорим, что не нужно принимать транзакции с нулевым профилем, но люди всё равно это делают, потому что это кажется безопасным. Это очень опасная ситуация...*

Нравится вам это или нет, но «нулевое подтверждение» опасно, когда вы не доверяете другой стороне. Я написал вышеупомянутую идею замены на плату, потому что я действительно считаю, что мы рискуем, если будем убаюкивать людей. Цепочка блоков и система доказательств работы — это то, как Биткойн приходит к консенсусу о том, какие транзакции являются или не являются действительными; доверять чему-либо ещё опасно.[3]

Стоит пройтись по логике аргументов Тодда. Он начинает с предполагаемой проблемы застревания транзакций пользователей, которая была проблемой только для транзакций с очень низкой или нулевой комиссией. Хотя, по иронии судьбы, застревание транзакций стало реальной проблемой, когда блоки стали переполненными, а комиссии выросли в 2017 году. Когда транзакции пользователей застревали, иногда на несколько дней или даже недель, RBF действительно использовался для «развязывания» этих транзакций. Таким образом, при небольших блоках, высоких комиссиях и ненадёжных транзакциях RBF начинает иметь больше смысла.

Затем он переходит к сути: по его мнению, транзакции с нулевым подтверждением недостаточно безопасны, а неосведомлённые пользователи просто не понимают этого. Поэтому, чтобы люди не привязывались к транзакциям с нулевым подтверждением, RBF раз и навсегда сломает их функциональность — потому что, по его словам, если майнеры решат реализовать что-то вроде RBF, транзакции с нулевым подтверждением всё равно сломаются. Другими словами, функциональность мгновенных платежей Биткойна должна быть сломана разработчиками на программном уровне, чтобы майнеры не сломали её в будущем. К сожалению, это не преувеличение их позиции. Джон Диллон, таинственный спонсор этого патча, объяснил:

Я предлагаю эту награду не потому, что считаю кнопку отмены важной... Проблема в том, что такие люди, как... Майк Хирн, будут рады испортить Биткойн в отчаянной попытке остановить двойные траты, когда это станет большой проблемой... Нарушив безопасность с нулевым подтверждением сейчас, не будет проблем, с тем чтобы внедрить [его централизованное] дерьмо. Больше всего пострадают сторонники Сатоши, а им не следует использовать блокчейн так, как они это делают.[4]

А в 2015 году, когда эти дебаты ещё продолжались, известный программист Брэм Коэн согласился:

Сказать, что нулевое подтверждение не работает, — это чрезмерное упрощение. Нулевое подтверждение работает хорошо... пока. Но если его использовать в сколько-нибудь значительных масштабах, неизбежно возникнет необратимая схема эксплуатации тех, кто на него полагается. Вместо того чтобы ждать катастрофы, разработчики Биткойна должны планировать прекращение поддержки транзакций с нулевым подтверждением в плановом и рабочем порядке, причём переход должен произойти до того, как будет создана схема или нанесён ущерб функциональности, с которой конфликтует поддержка нулевого подтверждения.[5]

Решения вне кода

Не стоит удивляться тому, что разработчики программного обеспечения пытаются решать проблемы с помощью программ. Но эта тенденция может превратиться в близорукость, если её не контролировать, или, как сказал Гэвин Андресен: «Инженеры отлично умеют не видеть леса за деревьями. Они зацикливаются на деталях и теряют представление о картине в целом»[6]. В данном контексте картина в целом — это мир за пределами кода Биткойна. Предприниматели тысячелетиями решали проблемы, связанные с менее чем идеальной безопасностью платежей, используя гораздо более простые технологии, чем криптовалюта. Об этом прекрасно написал Юстус Ранвье, инженер с опытом работы в реальном мире, который ответил на сообщение Питера Тодда на форуме о RBF, сказав:

> Безопасность в этом контексте рассматривается как бинарное понятие и это неправильно. Существует целая потребительская экономика, основанная на платежных картах, которые, в терминах Биткойна, требуют 90 дней для подтверждения транзакций. Триллионы долларов проходят в реальном мире через способы оплаты, которые не менее небезопасны, чем транзакции Биткойна с нулевым подтверждением. Принятие транзакций с нулевым подтверждением — это вопрос управления рисками и бизнес-планирования, а не вопрос «безопасно» или «небезопасно».

Также он пишет:

> Вы слишком долго играли в The Sims и забыли, что и продавцы, и операторы пула — разумные существа, а не автоматы. Если риски двойных трат [при использовании транзакций] с нулевым подтверждением стоят того, чтобы потратить ресурсы на их снижение или устранение, то продавцы найдут способ сделать это.[7]

Действительно, криптовалютные платёжные процессоры хорошо осведомлены о рисках двойных трат и имеют различные варианты управления ими. Самый простой вариант — платёжный процессор берёт на себя риск за своего клиента в обмен на комиссию — по сути, страхование платежа. Или же они могут потребовать, чтобы клиенты использовали определённое приложение-кошелёк для оплаты товаров, что усложняет осуществление двойной траты. Без RBF совершить двойную транзакцию сложно, а для кражи небольших сумм и вовсе не стоит заморачиваться, но для крупных покупок можно предусмотреть, что покупателям придётся ждать подтверждения или двух. На самом деле такие компании, как SatoshiDice, предоставляющие услуги азартных игр на Биткойне, уже внедрили систему, которая позволяла проводить мгновенные транзакции для небольших сумм, но для крупных сумм требовалось подтверждение.

Транзакции с нулевым подтверждением особенно важны для платежей в традиционных торговых точках. Учитывая, что лишь незначительный процент покупателей пытается обокрасть магазин лично, некоторые продавцы могут просто смириться с риском двойных трат. Традиционные способы снижения риска мошенничества или кражи по-прежнему работают. Например, если в компании уже установлены системы безопасности, они могут получить видеозапись преступника. Это всего лишь несколько идей по решению проблем безопасности при использовании транзакций с нулевым подтверждением. Я уверен, что были бы найдены ещё более лучшие решения, если бы двойные траты стали реальной проблемой. Рынки справляются с обнаружением и управлением рисками исключительно эффективно.

Инициатива замены на комиссию заставила многих людей высказаться против неё. Чарли Ли, который был руководителем инженерного отдела в Coinbase, сказал:

> Coinbase полностью согласна с Майком Хирном. Инициатива RBF иррациональна и вредна для Биткойна..[8]

Джефф Гарзик, один из ранних разработчиков Bitcoin Core, согласился:

> Повторяя прошлые заявления, следует признать, что ради-

кальное предложение Питера о «плате за услуги» имеет меткое название и будет в значительной степени антисоциальным для существующей сети.[9]

Гэвин Андресен ответил категорически:

Замена на плату — плохая идея.[10]

С ним согласился даже Адам Бэк, который впоследствии нанёс немало вреда Биткойну:

Я согласен с Майком и Джеффом. Уничтожать транзакции с 0 подтверждением — это вандализм.[11]

Тем не менее, в конце 2015 года RBF был успешно добавлен в Bitcoin Core. В настоящее время транзакции RBF создаются с флагом, поэтому торговцы могут отказаться принимать их, если они осторожны, но разработчики в настоящее время обсуждают, стоит ли менять эту настройку по умолчанию. Если флаг будет снят, платежи с нулевым подтверждением в BTC фактически будут иметь нулевую безопасность. Платежи с нулевым подтверждением считаются важной функцией в Bitcoin Cash, и разработчики активно работают над тем, чтобы ещё больше повысить их безопасность и надёжность.

Сплошная пропаганда

Несмотря на споры вокруг RBF, если вы попытаетесь изучить его сегодня, то, несомненно, столкнётесь с недостоверной информацией. На сайте Bitcoin Core есть раздел вопросов и ответов, посвящённый RBF. Один из вопросов гласит:

Являлся ли запрос на добавление RBF спорным?

Ни в малейшей степени. После длительного неофициального обсуждения, продолжавшегося несколько месяцев, 22 октября 2015 года PR был открыт. Впоследствии он обсуждался как минимум на четырёх еженедельных собраниях разработчиков Биткойна...

В ходе обсуждения PR 19 человек оставили комментарии, включая людей, работающих как минимум с тремя разными брендами кошельков, и 14 человек однозначно [согласились] с изменениями, включая как минимум одного человека, который в прошлом был очень откровенно против полного RBF. Ни один явно негативный отзыв не был представлен в PR или где-либо ещё, насколько нам известно, пока PR был открыт.[12]

Слова в этом разделе очень тщательно подобраны, чтобы случайный читатель ушёл, думая, что RBF не вызвал споров. Заметьте, что речь идёт о «запросе на вынос» (PR), а не об общей концепции RBF — если вы посмотрите только на раздел комментариев к этому конкретному действию на Github, большинство людей в этой теме согласились с ним. Но это только потому, что огромное количество дебатов происходило на других площадках. Даты также вводят в заблуждение. Они утверждают, что неофициальное обсуждение длилось «несколько месяцев» с конца 2015 года, но, как показывает ветка форума Bitcointalk.org, RBF горячо обсуждался ещё в 2013 году.

В разделе вопросы и ответы говорится: «Пока PR был открыт, никаких явно негативных отзывов в нём или в других местах, о которых нам известно, не поступало». (Подчёркнуто мной.) Но запрос на исправление был открыт в октябре 2015 года! Майк Хирн написал на собственном сайте обширную статью с критикой RBF в марте 2015 года[13], за семь месяцев до этого.

В другом разделе Q&A задаётся вопрос: «Я слышал, что RBF

был добавлен практически без обсуждения», и в ответ приводится список из дюжины ссылок на «Последние обсуждения RBF, начиная с мая 2015 года». При этом полностью упускается тот факт, что RBF горячо обсуждался всего двумя месяцами ранее. Такой тщательный контроль информации призван ввести новичков в заблуждение относительно Биткойна, и это чрезвычайно затрудняет поиск правды о его истории.

Кем же был Джон Диллон?

История Биткойна переплетена с загадочными фигурами, начиная с его неизвестного создателя Сатоши Накамото. Но Сатоши — не единственная анонимная фигура. Джон Диллон — ещё одна, и о нём известно не так уж много. Диллон был тем человеком, который предложил заплатить 1000 долларов за разработку патча для замены на комиссию, предложенного Питером Тоддом. Как выяснилось, Диллон также поддерживал и оплачивал работу Тодда по созданию печально известного анимационного ролика 1mb-forever. Когда Тодд объявил, что работает над видео, Диллон написал:

> Очень важно, что вы несёте это послание людям. Биткойн гораздо больше, чем этот маленький форум... Я подозреваю, что существует гораздо больше Биткойн-активности, которой нет никакого дела до Биткойна как платёжной системы. Питер упомянул Silk Road, что, на мой взгляд, просто замечательно. Это уже внецепочечная система транзакций.

> Как серьёзный инвестор в Биткойн я также забочусь о хранении стоимости, а не о глупых микроплатежах, и я знаю, что мои партнёры чувствуют то же самое. Мы также знаем, что ценность Биткойна имеет очень мало общего с тем, что он является платёжной системой...[14]

Как только печально известная анимация была опубликована, Диллон написал:

> Наконец-то у меня появилась возможность посмотреть ваше новое видео. Это хорошая профессиональная работа, вы проделали отличную работу. Скоро вы получите от меня ещё 2,5BTC тем же методом, который я использовал раньше. Приятно видеть это солидное пожертвование в 10BTC, которое вы получили, и с адреса с 125BTC! Это действительно говорит о том, что многие пожертвования, которые вы получаете, приходят с адресов с большими балансами Биткойна, около 250BTC и более на данный момент. Это просто показывает, что люди, наиболее сильно инвестирующие в Биткойн, больше всего могут потерять от централизации и регулирования. Продолжайте борьбу.[15]

Диллон был не просто энтузиастом, сторонником малых блоков. По всей видимости, он вёл обстоятельные переговоры с некоторыми разработчиками Core, и в какой-то момент Гэвин Андресен заметил: «Я начал подозревать, что Диллон — очень изощрённый тролль, у которого есть скрытый мотив уничтожить Биткойн».[16]

Подозрения Гэвина могли оказаться верными. В ноябре 2013 года Диллон, очевидно, был взломан несколькими разгневанными биткойнерами, когда его аккаунт в Bitcointalk опубликовал собственную тему под названием «"Джон Диллон" Мы тоже можем сливать информацию, ты тролль и кусок дерьма». Сообщение содержало единственную ссылку на архив частной переписки Диллона, а также разговоры о нём других разработчиков. Подлинность утечки не оспаривается. Судя по всему, Диллон координировал свои действия с Тоддом и финансировал множество проектов, которые поддерживали превращение Биткойна в дорогостоящую расчётную систему.

Сам Питер Тодд, по-видимому, знал, что люди стали подозревать его в связях с Диллоном. В IRC-чате Тодд и Грег Максвелл написали:

<petertodd> Все знают, что мы с Джоном «знакомы» друг с другом, если что, я бы хотел, чтобы моя PGP-подпись на его ключе была понятным объяснением природы этих отношений.

<gmaxwell>(Думаю, половина людей считает, что вы и Джон — один и тот же человек. :P)

<petertodd> Ха, я знаю, признаюсь, иногда он меня немного пугает... он признался, что религиозно читает все мои посты

Но, безусловно, самым интересным обменом является электронное письмо между Диллоном и Тоддом, в котором Диллон утверждает, что имеет отношение к разведывательному сообществу:

Просто чтобы вы знали, эта история с Tor меня беспокоит... Пожалуйста, не предавайте это огласке, но моя работа связана с разведкой, и я занимаю довольно высокий пост.

Знаете, много лет назад я пришёл на эту работу с совсем другими мыслями, чем сейчас. Последнее десятилетие изменило многих в этой области, причём совершенно по-разному. Сам я на стороне Сноудена и Ассанжа, но... скажем так, когда у тебя появляется семья, желание быть мучеником уменьшается. То же самое можно сказать и о многих моих коллегах.

Надеюсь, моя поддержка Биткойна поможет устранить часть нанесённого нам ущерба, но я должен быть осторожен, и мне трудно принять все меры предосторожности, чтобы иметь возможность общаться. Если бы выяснилось, что я связан с Биткойном таким образом, как это есть, скажем так, это имело бы последствия...

На что Тодд, похоже, отреагировал обеспокоенно:

> Я упомянул о вашем статусе своему другу, который в прошлом был шпионом и прекрасно понимает, насколько опасна эта работа для любого человека, имеющего этические правила.
>
> Он велел мне передать вам вот это, слово в слово: «Старый ворон настоятельно советует вам подумать о рисках для себя и своей семьи и прекратить то, что вы делаете». Я доверяю его суждениям и, что не менее важно, его этике.
>
> Будьте осторожны. Я сам советую вам хорошенько подумать, достаточно ли сильно то, что вы делаете, влияет на достижение ваших целей, чтобы это того стоило — я не могу ответить на этот вопрос за вас.[17]

Эти электронные письма выглядят так, словно они из шпионского романа. Невозможно узнать, говорил ли Диллон правду, но стоит отметить, насколько подозрительна вся эта ситуация. «Джон Диллон» — это псевдоним неизвестного человека, который заплатил Питеру Тодду, разработчику Core, за создание видеоролика, пропагандирующего ограничение пропускной способности Биткойна до семи транзакций в секунду. Он предложил вознаграждение за разработку патча — приоритета по комиссии, которая должна была «сломать безопасность транзакций с нулевым подтверждением прямо сейчас» — то есть сломать функциональность мгновенных транзакций. Гэвин Андресен публично предположил, что у Диллона был скрытый мотив уничтожить Биткойн, а позже в просочившихся электронных письмах выяснилось, что Диллон утверждал, что занимает высокий пост в разведывательном агентстве. (Но не стоит переживать, ведь он также утверждал, что изменил своё мнение и действительно хотел, чтобы Биткойн стал успешным!) Всё это происходило в контексте разработки самого революционного финансового изобретения в истории, которое бросает прямой вызов устоявшимся правительственным, финансовым и банковским властям во всём мире. Читатели могут сделать свои собственные выводы, но, на мой взгляд, к концу 2013 года Биткойн уже был на прицеле у захватчиков.

13

Блокирование потока

Разработка программного обеспечения с открытым исходным кодом печально известна отсутствием понятной бизнес-модели. Часто непонятно, как программисты должны получать деньги за свою работу, если их конечный продукт бесплатен и открыт для пользователей. Некоторые проекты просят пользователей о добровольных пожертвованиях. Другие предлагают премиальную поддержку для компаний и учреждений. Криптовалютные проекты особенно сложны, поскольку программное обеспечение является финансовым продуктом. Любые ошибки могут напрямую повлиять на кошельки миллионов людей. Разные группы пробовали разные стратегии финансирования своих разработок. Некоторым помогает простая модель пожертвований. Другие откладывают большую часть монет на этапе зарождения проекта, чтобы создать фонд, который будет следить за развитием. Некоторые проекты отдают процент от вознаграждения за блок прямо программистам. Было опробовано множество креативных моделей.

Разработка Биткойна — ещё один проект с открытым исходным кодом и неудобной бизнес-моделью. Учитывая его меняющую мир важность, масштаб и сложность, каждая попытка создать такую модель вызывала споры — и не зря, ведь целостность всей системы зависит от механизма, с помощью которого разработчики получают деньги. Финансирование и управление идут рука об руку, и потенциальный конфликт интересов среди разработчиков представляет собой серьёзную угрозу, поскольку самый простой способ сломать проект — это вывести из строя механизм его финансирования.

Фонд Биткойна

В отличие от многих современных групп разработчиков, Биткойн стартовал как проект, в котором участвовали добровольцы. По мере роста его популярности, естественно, возникали вопросы о вознаграждении. Первая попытка создать более формальную организацию для поддержки программного обеспечения была предпринята в 2012 году, когда был создан Bitcoin Foundation, который был создан по образцу Linux Foundation. Bitcoin Foundation принимал пожертвования от крупных компаний и других заинтересованных сторон. Я сам делал пожертвования и был одним из членов совета директоров. Важнейшей целью фонда было финансирование работы Гэвина Андресена в качестве главного научного сотрудника и ведущего майнера Bitcoin Core. В интервью The New Yorker Андресен объяснил:

Linux Foundation — это своего рода центр для Linux, а также способ оплаты труда ведущего разработчика Линуса Торвальдса, чтобы он мог заниматься только ядром... Это сложно: когда вы — проект с открытым исходным кодом, достигаете определённого размера, как поддерживать себя? Linux — самый успешный проект с открытым исходным кодом в мире, поэтому мы решили, что имеет смысл использовать их в качестве модели.[1]

Ещё одной целью фонда было улучшение репутации Биткойна среди регулирующих органов и широкой общественности, поскольку в то время его часто называли валютой для преступников. Андресен ушёл с поста ведущего программиста в начале 2014 года, чтобы больше сосредоточиться на научных исследованиях и работе в Bitcoin Foundation. В апреле того года он написал:

> Несколько лет назад я создал оповещение Google Scholar по слову "Биткойн". И я был счастлив, если получал одно оповещение в месяц. Сегодня мне всё труднее и труднее следить за всеми замечательными статьями по информатике и экономике, связанными с Биткойном и другими криптовалютами; только за последнюю неделю мистер Google сообщил мне о 30 новых статьях, которые мне было бы интересно прочитать...
>
> Для ясности: я не собираюсь исчезать; я по-прежнему буду писать и рецензировать код и высказывать своё мнение по техническим вопросам и приоритетам проектов. Мне нравится кодить, и я думаю, что буду наиболее эффективен на посту главного научного сотрудника, если не потеряю связь с инженерной реальностью и не совершу ошибку, построив огромные, красивые, теоретические замки, которые существуют только в виде научных работ.[2]

К сожалению, у Андресена было не так много времени, прежде чем фонд начал разваливаться из-за плохого управления, отсутствия прозрачности и серии мелких скандалов. К концу 2014 года организация перестала функционировать, а некоторые члены совета директоров попали в неприятности с законом. В апреле 2015 года было объявлено, что Фонд фактически обанкротился и не сможет собрать достаточно средств для продолжения финансирования разработки[3]. В том же месяце Андресен присоединился к новому проекту в MIT Digital Currency Initiative, где он продолжал разрабатывать Биткойн вместе с двумя другими разработчиками Core, Владимиром ван дер Лааном и Кори Филдсом[4].

После провала Bitcoin Foundation и с Ван дер Лааном в качестве ведущего программиста проекта в течение следующих трёх лет Биткойн постепенно превращался в другой проект. В другом мире, если бы Фонд преуспел, неизвестно, могло ли вообще произойти это превращение. Размышляя над этим вопросом, Майк Хирн позже напишет:

> Одна из проблем криптовалюты с философской точки зрения заключается в том, что приверженность децентрализации обычно интерпретируется как общее правило против институтов и процессов любого рода. И я, и Гэвин участвовали в создании Bitcoin Foundation на ранних этапах, но она распалась. Отчасти из-за того, что была создана слишком быстро и в неё было вовлечено слишком много персонажей, но в основном из-за того, что псевдо-либертарианцы стремились разрушить её на том основании, что у Биткойна не должно быть ни фонда, ни формализованного процесса разработки.
>
> В результате сообщество получило не децентрализованную утопию, а неясный, неформальный процесс разработки, основанный на закулисных сделках, манипулятивных попытках определить отдельные позиции как "консенсус" и покупке разработчиков. Если бы сообщество сплотилось вокруг попытки Гэвина организовать сообщество с помощью набора институтов, всё могло бы сложиться иначе, поскольку оно имело бы большую встроенную устойчивость против захвата.[5]

Хотя крах Bitcoin Foundation был значительным, наиболее важные изменения в структуре разработки программного обеспечения произошли в конце 2014 года, когда некоторые разработчики Core создали свою собственную компанию под названием Blockstream.

Основание компании Blockstream

В итоге Blockstream стала самой влиятельной компанией в истории Биткойна. Её соучредителями были Адам Бэк, Грегори Максвелл, Питер Вуйль, Мэтт Коралло, Марк Фриденбах, Хорхе Тимон, Остин Хилл, Джонатан Уилкинс, Франческа Холл и Алекс Фаулер. В отличие от Bitcoin Foundation, Blockstream была основана как коммерческая компания, что сразу же заинтересовало других сторонников Биткойна в их бизнес-модели. Грега Максвелла спросили об этом во время сессии "Спроси меня о чём угодно" на Reddit, и он дал развёрнутый ответ:

> Мы считаем, что в индустрии (не только Биткойна, но и вычислительной техники в целом) существует вакуум для криптографически сильной технологии, устраняющей необходимость в доверии... Мы думаем, что существует огромный бизнес-потенциал в создании и поддержке инфраструктуры в этом пространстве, как связанной с Биткойном, так и нет. Например, выступая в качестве поставщика технологий и услуг для других компаний, помогая им перейти на более схожий с Биткойном способ ведения бизнеса.
>
> Сейчас мы сосредоточены на создании базовой инфраструктуры, чтобы было где строить бизнес, приносящий доход, который мы хотели бы иметь, а затем мы надеемся направить эти средства на создание более качественных технологий.[6]

Blockstream удалось создать бизнес, приносящий доход, но это обернулось серьёзным конфликтом интересов. Вместо того чтобы развивать базовую инфраструктуру, она её разрушила и теперь предлагает платные решения созданных ею проблем. Тот факт, что Максвелл будет работать над созданием критически важной инфраструктуры, выглядит иронично, учитывая его признание, что ранее он считал ключевой технологический механизм, используемый в Биткойне, невозможным:

> Когда Биткойн только появился, я был в списке рассылки по криптографии. Когда это произошло, я вроде как посмеялся. Потому что я уже доказал, что децентрализованный консенсус невозможен.[7]

Когда компания Blockstream только образовалась и провела первый раунд сбора средств, я сначала подумал, что это хороший знак, что всё больше инвесторов открывают для себя Биткойн. Но со временем, когда выяснилось, что их крупнейшие инвесторы — представители банковского сектора, я, как и многие другие сторонники Биткойна, стал относиться к этому скептически. Сейчас, оглядываясь назад, я считаю основание Blockstream началом эпохи Гражданской войны. Вскоре после её создания культура изменилась, разногласия приняли враждебную форму, а радикальная позиция сторонников малых блоков, которую почти никто не воспринимал всерьёз, стала более ярой и агрессивной. Инженеры Blockstream начали настаивать на том, что Биткойн не может масштабироваться так, как он был изначально задуман, а на онлайн-форумах началась цензура. Пассивность ведущего разработчика Ван дер Лаана, который хотел избежать конфликта, стала использоваться, чтобы всё оставалось как есть. Разработчики Core стали утверждать, что для повышения лимита размера блоков необходим "консенсус" между ними, что фактически давало им абсолютное право вето на масштабирование протокола.

Зачем группе разработчиков создавать компанию, чтобы взять на себя управление проектом, а затем препятствовать его масштабированию? Ответ прост: их бизнес-модель опирается на то, что Биткойн не масштабирует свой базовый уровень. Чем меньше Биткойн может, тем больше Blockstream может сделать за определённую плату.

Бизнес-модель

Компания Blockstream вызвала подозрения сразу после своего основания и стала предметом бесчисленных теорий заговора, некоторые из которых были более правдоподобными, чем другие. В течение многих лет люди предполагали, что странное поведение разработчиков Core лучше всего объясняется конфликтом интересов — если Blockstream или их инвесторы получают прибыль от того, что душат Биткойн. Но сегодня нам больше не нужно строить догадки, потому что они открыто говорят об этом. В интервью Forbes генеральный директор Адам Бэк поделился одной из частей своей стратегии монетизации: «Blockstream планирует продавать сайдчейны предприятиям, взимая фиксированную ежемесячную плату, беря комиссию за транзакции и даже продавая аппаратное обеспечение»[8].

Что такое "сайдчейн"? В техническом описании компании объясняется общая идея:

> Мы предлагаем новую технологию: привязанные сайдчейны, которые позволяют передавать Биткойны и другие активы, записанные на блоках, между несколькими блокчейнами. Таким образом, пользователи получают доступ к новым и инновационным криптовалютным системам, используя активы, которыми они уже владеют. Благодаря повторному использованию валюты Биткойна эти систе-

мы могут легче взаимодействовать друг с другом и с Биткойном, избегая нехватки ликвидности и колебаний рынка, связанных с новыми валютами. Поскольку сайдчейны являются отдельными системами, это не мешает техническим и экономическим инновациям.[9]

Другими словами, сайдчейн — это попытка связать разные блокчейны между собой, соединив записи на одном блокчейне с записями на другом. Идея интересная, и в теории она может позволить больше творческих экспериментов. Различные правила и сети могут работать на разных блокчейнах, но при этом оставаться совместимыми с Биткойном. Именно поэтому сайдчейны были предложены в качестве альтернативного метода масштабирования Биткойна, поскольку различные проекты могут быть привязаны к блокчейну Биткойна, не будучи непосредственно на его основании.

Давайте рассмотрим пример, чтобы сделать концепцию сайдчейнов более понятной. Представьте себе новый блокчейн, предназначенный для наноплатежей размером в миллионную долю пенни или меньше — меньше, чем тот, на который был рассчитан даже оригинальный Биткойн. Назовём его "NanoBits" или "NBT". Вместо того чтобы быть полностью изолированным блокчейном, NanoBits мог бы быть сайдчейном Биткойна, позволяя пользователям замораживать свои Биткойны в обмен на NBT. Например, заблокировав 0,001 BTC, вы можете разблокировать миллиард NBT. Затем, если пользователи захотят обменять свои монеты обратно на блокчейн BTC, они смогут обменять миллиард NBT обратно на BTC. Если всё будет сделано правильно, такая система позволит внедрять больше инноваций, поскольку сайдчейны могут работать по совершенно разным правилам, позволяя различным командам разработчиков экспериментировать без необходимости убеждать всё сообщество в необходимости внесения своих изменений. Кроме того, эти инновации можно внедрять без страха сломать основную цепочку, поскольку любые новые сбои и недостатки будут изолированы в сайдчейне. Так это может работать в теории. На практике всё обстоит иначе.

Идея сайдчейнов всегда привлекала меня, и я лично финансировал их разработку в BTC в рамках проекта DriveChain, возглавляемого Полом Шторком. Как и в любом другом IT-проекте, создать работающую реализацию оказалось гораздо сложнее, чем красиво звучащую идею.

При правильном подходе сайдчейн должен работать независимо от централизованных органов принятия решений, что и пытается сделать проект DriveChain. Компания Blockstream выпустила свою версию сайдчейна под названием "Liquid Network", но она работает совсем по-другому. Liquid Network — это "федеративный" сайдчейн, который лучше понимать как централизованный сайдчейн или даже альткоин. Базовая безопасность сети требует доверия к небольшой, специально подобранной группе людей, которую они называют Liquid Federation. Согласно их веб-сайту:

> Liquid Federation — это группа криптовалютных предприятий, включая биржи, торговые площадки, инфраструктурные компании, разработчиков игр и т. д. Федерация выполняет ряд задач, которые являются неотъемлемой частью работы Liquid Network.[10]

В настоящее время в этой федерации всего пятнадцать членов, и если более трети из них окажутся нечестными, безопасность сети нарушится, и пользователи могут потерять свои деньги. Сеть не только централизована, но после обмена BTC на токены Liquid вы больше не используете сеть Bitcoin. Вместо этого вы используете собственную сеть Liquid Network компании Blockstream, и каждая комиссия за транзакцию поступает на контролируемый ею кошелёк.[11]

Это прибыльная система. Liquid — это сайдчейн, что означает, что комиссии за транзакции не выплачиваются майнерам Биткойна, а напрямую Blockstream.

Почему кто-то захочет обменять свои BTC на токены Liquid? Одна из причин довольно проста: комиссии на BTC слишком высоки! Адам Бэк, генеральный директор Blockstream, нагло рекламировал свою сеть Liquid Network как решение проблемы высоких комиссий в основной сети, заявив в Twitter:

> Если вы активно торгуете и вам не нравятся высокие комиссии, используйте биржи с интеграцией [Liquid] или жалуйтесь на биржу, которая этого не делает. Платите 1–2c за клиринг за 2 минуты, в то время как другие платят 50c–$2.50 за перевод за 1 час с лишним... Станьте частью решения.[12]

Чтобы было понятно, это пишет генеральный директор Blockstream — компании, в которой работало большинство самых влиятельных разработчиков Bitcoin Core в самый критический период, — направляет людей в свой собственный блокчейн, чтобы "стать частью решения" проблемы высоких комиссий и перегруженности сети. Между тем сеть BTC имеет низкую производительность только потому, что разработчики Bitcoin Core изначально отказались увеличить лимит размера блоков. Конфликт интересов просто колоссальный. Конечно, похоже на то, что Blockstream продаёт платное решение проблем, возникших по их вине, и даже неясно, была ли бы у Liquid Network причина для существования, если бы у Биткойна были большие блоки.

Мечта банкира

Получение всех транзакционных сборов от сети Liquid — не единственный источник дохода Blockstream. Они также взимают ежемесячную плату с компаний, интегрирующих Liquid и выпускающих токены в их сети. В 2020 году Blockstream объявила о том, что стала техническим партнёром нового стартапа под названием Avanti, который пытается стать криптовалютным банком. Согласно их веб-сайту:

> Avanti — это банк нового типа — программная платформа с банковским уставом, созданная для соединения цифровых активов с традиционной финансовой системой. Наша команда имеет большой опыт работы в обеих системах. Мы не просто банк — мы депозитарное учреждение, а это значит, что мы имеем право стать клиринговым банком в долларах США при Федеральной резервной системе.[13]

В рамках видения сторонников малых блоков банки продолжают играть важнейшую роль в будущей финансовой системе, являясь основными организациями, которые получают доступ к блокчейну. Поэтому Blockstream имеет смысл позиционировать себя как ключевых игроков в этой системе, предлагая технические услуги, консультации и собственную сеть в качестве альтернативы Биткойну. Пока что эта стратегия работает. Недавно компания Avanti объявила о выходе на прибыльный рынок цифровых активов, выпустив токены ("Avit"), которые, по их словам, можно будет обменять на один доллар США, хотя они не полностью обеспечены долларами. В статье на сайте Coindesk объясняется:

> Хотя Avit не будет привязан один к одному к доллару США — ведь это новый цифровой актив, а не цифровое представление реального актива — валюта будет на 100% обеспечена резервом традиционных американских активов.[14]

Другими словами, Avanti Bank будет выпускать токены, которые можно обменять на доллар, но при этом они не будут обеспечены долларами. Вместо этого реальные активы, обеспечивающие их токены, будут приносить им доход. Хотя в этой бизнес-модели нет ничего плохого по сути, это ещё один пример того, как криптовалюты ассимилируются в традиционную финансовую систему, не используя уникальные свойства криптовалют. Банковские токены, обеспеченные "резервом традиционных американских активов", не защищены от инфляции, подвержены цензуре и не нарушают текущих правил игры. Поскольку они обеспечивают доходность, они даже сопряжены с риском дефолта. Если банк, выпустивший токены, обанкротится, пользователи в итоге потеряют деньги, что ещё раз доказывает, почему валюты, не нуждающиеся в доверенных посредниках, так привлекательны.

Если учесть, что Биткойн по своей сути разрушает устоявшуюся финансовую индустрию, то в том, что Blockstream сотрудничает с банками, помогая им выпускать цифровые доллары, есть своя ирония. Кроме того, они даже начинают напрямую взаимодействовать с правительствами и помогать им в сборе средств. В Сальвадоре Blockstream помог создать "Биткойн-облигацию", чтобы помочь государству собрать миллиард долларов, выплачивая держателям ежегодные дивиденды. И Биткойн-облигации, и токены Avit будут созданы на базе Liquid Network, что позволит перенаправить ещё больше трафика с BTC на сайдчейн Blockstream.[15]

Конфликт интересов между разработчиками Bitcoin Core и Blockstream легко заметить. С такими искажёнными стимулами неудивительно, что концепция Сатоши о дешёвых транзакциях без посредников на базовом уровне была отвергнута; большие блоки уничтожили бы их бизнес-модель. В отличие от этого, в Bitcoin Cash любой может создавать токены и проводить транзакции с ними по цепочке с минимальными комиссиями. Для масштабирования не нужны сайдчейны и кастодиальные кошельки, поскольку базовый уровень может обрабатывать гораздо больший объём транзакций. Хотя при желании сайдчейн и кастодиальные кошельки всё равно работают с большими блоками и будут работать лучше.

Скрытый сбор средств

Подробности многочисленных раундов привлечения средств компанией Blockstream не способствовали улучшению её имиджа и не развеяли теорий заговора вокруг компании. На сегодняшний день компания привлекла от инвесторов около 300 миллионов долларов. Почти треть миллиарда долларов — значительная сумма для любой компании, но для компании, которая работает над программным обеспечением с открытым исходным кодом, — особенно.

В начале 2016 года компания Blockstream завершила раунд финансирования серии A, собрав 55 миллионов долларов[16]. Одним из основных инвесторов стала венчурная компания AXA Strategic Ventures, филиал французской многонациональной компании AXA — одиннадцатой по величине компании в мире, предоставляющей финансовые услуги, согласно рейтингу Fortune Global 500[17]. В то время генеральным директором AXA был Анри де Кастрис, магнат международной финансовой системы. В 2015 году газета The Guardian описала де Кастриса следующим образом:

> Анри де Кастрис, возможно, самый влиятельный человек в мире. Он — генеральный директор и председатель правления одной из крупнейших в мире страховых компаний AXA и член прославленного французского дворянского дома Кастри. Но де Кастрис также является председателем Бильдербергской группы — собрания политических и

деловых лидеров из Европы и Северной Америки, которые ежегодно проводят закрытые встречи для обсуждения "мегатрендов и основных проблем, стоящих перед миром" — или тайно управляет миром, если вы сторонник теории заговора.[18]

Как будто таинственный Джон Диллон не был достаточным поводом для теорий заговора, история Биткойна также включает в себя реальную связь с Бильдербергской группой. На протяжении десятилетий Бильдербергская группа вызывала множество споров, поскольку её заседания проходили в обстановке строгой секретности, и в них принимали участие одни из самых влиятельных людей в мире — представители политической, финансовой, академической и медийной элиты. Организация существует с 1950-х годов и включает в себя слишком много влиятельных участников, чтобы перечислять их, начиная от глав государств, таких как Тони Блэр и Билл Клинтон, до европейских королевских особ, таких как короли Бельгии, Норвегии и Испании, бизнес-магнатов, таких как Билл Гейтс и Джефф Безос, и длинного списка руководителей и основателей крупных компаний, банков и новостных изданий по всему миру.[19] Естественно, когда большое количество влиятельных людей собирается вместе и проводит секретные встречи, теории заговора неизбежны, независимо от того, обоснованы они или нет. Из истории мы знаем, что некоторые заговоры реальны, и наивно думать, что подобные встречи не влияют в той или иной степени на мировые дела — именно поэтому они и проводятся в первую очередь! Их реальное влияние на мир неизвестно, но оно определённо больше нуля.

В конечном счёте, невозможно определить значение этих связей. Возможно, тот факт, что Blockstream финансируется венчурной фирмой, чья материнская компания является одной из крупнейших финансовых компаний в мире, чей генеральный директор — председатель Бильдербергской группы, это удивительное совпадение. Я действительно не знаю, но, по крайней мере, эта связь слишком интригующая, чтобы не упомянуть её, и это также ещё одна часть красочной истории Биткойна.

Исследователи пытались проследить деньги, которые поступали в Blockstream на протяжении многих лет, и, несмотря на множество интересных связей и возможных конфликтов интересов, ничего нельзя сказать однозначно. Например, Digital Currency Group — ещё одна венчурная фирма, которая вызвала подозрения после того, как инвестировала в огромное количество криптовалютных проектов, в том числе и в Blockstream. Когда фирма была создана в 2015 году, её первоначальное финансирование осуществлялось финансовыми компаниями, в том числе MasterCard — прямым конкурентом Биткойна.[20] Однако нет никаких конкретных связей между MasterCard и злонамеренным заговором с целью захвата развития Биткойна. Хотя они, несомненно, знали о потенциале Биткойна, невозможно понять, какие намерения стояли за их инвестициями. Возможно, они просто хотели оседлать волну криптовалютных инвестиций и инноваций, а может быть, хотели получить влияние на компанию, обладающую наибольшим контролем над кодом Биткойна. Я легко могу представить себе оба сценария.

Крупнейший раунд финансирования Blockstream состоялся в 2021 году, когда компания привлекла более 200 миллионов долларов в рамках серии B, доведя свою предполагаемую капитализацию до 3,2 миллиарда долларов.[21] Этот огромный объём средств был получен спустя несколько лет после захвата ключевых разработчиков Bitcoin Core, значительной потери общей доли рынка BTC, откола Bitcoin Cash в 2017 году и многочисленных сбоев в работе сети, которые привели к стремительному росту комиссии за транзакции и резкому увеличению времени подтверждения. Одна из интерпретаций, с чисто деловой точки зрения, заключается в том, что инвесторы считают, что альтернативная сеть Blockstream будет приносить значительный доход в будущем, конкурируя с основной сетью BTC за транзакции. Менее благовидная интерпретация заключается в том, что Blockstream получила крупное вознаграждение за то, что в критический момент подорвала развитие Биткойна и коренным образом изменила его, сделав похожим на существующую финансовую систему. Несколько сотен миллионов долларов — ничто по сравнению с тем, что могли бы потерять банки, если бы Биткойн работал на полную мощность.

Ранний сторонник Биткойна и интернет-персонаж Стефан Молинье (Stefan Molyneux) высказал это опасение ещё в 2014 году, предсказав, что существующие финансовые и политические интересанты признают Биткойн угрозой и попытаются медленно его захватить. Он сказал:

> Очень важно, чтобы люди поняли, насколько велика та громада, с которой столкнулся Биткойн. Со стороны финансово-правительственного комплекса будут предприниматься попытки держать технологию на расстоянии... [говоря] "Давайте не будем убивать её прямо, потому что она уже достаточно велика, и люди увидят, что мы сделали...".
>
> Вместо этого они будут пытаться создавать мелкие проблемы, пока большинство людей не сочтут её слишком громоздкой для использования, а потом скажут: "Что ж, это была интересная идея, но она не сработала не совсем так, как хотели люди". Думаю, в этом кроется большая опасность.[22]

Возможно, Молинье был прозорлив. Независимо от того, был ли здесь злой умысел, мы можем с уверенностью сказать, что Биткойн 2024 года представляет гораздо меньшую угрозу для существующих сил, чем Биткойн 2014 года. Это громоздкая сеть, которая толкает пользователей на второстепенные, контролируемые уровни, чтобы получить лучший опыт. Кастодиальные кошельки также легко контролируются и возвращают в систему необходимость в доверенных третьих лицах. В целом редизайн Биткойна очень похож на существующую денежную систему, в которой обычные пользователи не имеют окончательного контроля над своими средствами и требуют от компаний предоставлять им финансовые услуги. Преимуществами новой системы пользуются в первую очередь те, кто пришёл на рынок раньше и выиграл от огромного роста цены.

С точки зрения изначального дизайна и предназначения Биткойна влияние Blockstream на протокол было катастрофическим. BTC совсем не похож на оригинальный Биткойн и вряд ли будет похож в будущем. К счастью, Blockstream не обладает монополией на разработку всех криптовалют, и разработчики Bitcoin Cash успешно обошли их в 2017 году — хотя этот процесс был непростым и сопровождался огромным количеством боли и эмоций.

14

Централизация контроля

Централизация контроля над программным обеспечением Биткойна произошла не в одночасье. На это ушло несколько лет, и в течение этого времени разные точки зрения были обычным явлением. Критика Bitcoin Core и Blockstream была повсюду, особенно после того, как Гэвин Андресен ушел с поста ведущего программиста Core. Оглядываясь назад, можно с уверенностью сказать, что разработка Биткойна была скомпрометирована, но как это произошло, остаётся неясным. Открытые обвинения в захвате разработки происходили реже, поскольку большинство значимых участников индустрии отчаянно пытались сохранить сеть. Кроме того, поскольку бизнес-модель Blockstream была раскрыта лишь через несколько лет после её создания, о вопиющих конфликтах интересов можно было только догадываться. Впрочем, любопытное отсутствие чёткой бизнес-модели было сразу же замечено в статье Wall Street Journal об инвесторах компании в 2014 году:

У Blockstream нет чёткого плана, как превратить проект по разработке программного обеспечения с открытым исходным кодом в корпоративную компанию, приносящую прибыль. Вместо этого инвесторы вкладывают деньги в проект, в основном основываясь на репутации соучредителей компании... Неопределённый характер бизнес-модели Blockstream сделал её сложной инвестицией для многих венчурных капиталистов, которые обычно должны обосновать доходность для своих инвесторов.

Управляющий одного из фондов сказал, что отклонил предложение, потому что не мог инвестировать в такой расплывчатый план. Г-н Хоффман сказал, что инвестировал через свой личный некоммерческий фонд... потому что он твёрдо решил, что первый раунд финансирования Blockstream "должен быть направлен на развитие экосистемы Биткойна, а не на получение экономической прибыли...".

Некоторые комментаторы опасаются, что частная компания с таким интеллектуальным влиянием может оказать излишнее воздействие на сеть Биткойна, которая должна быть децентрализованной и принадлежать сообществу. По словам соучредителя компании Остина Хилла, именно поэтому было важно, чтобы Blockstream была создана прозрачным способом, как "для пользы общества, а не как способ захвата Биткойна".[1]

Независимо от личных намерений Остина Хилла, Blockstream в конечном итоге превратилась в способ захвата Биткойна. Перспектива даёт нам возможность это ясно видеть, но, восстанавливая историю Биткойна, важно осознавать отсутствие ясности в то время. Прошли годы, прежде чем сеть Liquid Network стала открыто рекламироваться как альтернатива блокчейну Биткойна — это хорошо продуманная стратегия Blockstream, поскольку, если бы они сразу заявили о своей собственной сети как о решении для масштабирования, их бы встретили смехом и непреодолимым сопротивлением.

Вместо этого централизация власти в Bitcoin Core и Blockstream происходила более медленно и методично. Они использовали небольшие возможности, чтобы получить больше контроля над сетью. Они воспользовались слабым лидерством Ван дер Лаана и его желанием избежать споров. Возможно, самое главное — они использовали идею "консенсуса разработчиков", чтобы эффективно заполучить себе право вето на обновления в программном обеспечении — даже если их вето радикально меняло структуру и экономику всей системы. Джефф Гарзик предупредил об этом в открытом электронном письме по поводу их отказа увеличить лимит размера блоков, написав:

> Это этическое преступление [против оригинальной идеи Биткойна]: Несколько коммиттеров Bitcoin Core могут наложить вето [на увеличение] и тем самым изменить экономическую модель Биткойна, вытеснив некоторые компании из системы. Гораздо меньшим грехом [против оригинальной идеи Биткойна] будет сохранить текущую экономику (увеличив размер блока) и не пользоваться такой властью.[2]

Программируемые деньги или спам?

Ограничение размера блоков было не единственной областью, в которой разработчики Core утвердили свою власть. Другим ярким примером стало понятие так называемых "спам-транзакций" и использование Биткойна для смарт-контрактов. Несмотря на то что эта система была исключена из программного обеспечения BTC и почти забыта сегодня, Биткойн изначально был разработан для работы со смарт-контрактами — теми сложными вычислениями, которыми славится Ethereum. Система смарт-контрактов в Биткойне была более сложной, чем в более современных криптовалютах, но всё же она обладала широкой функциональностью, большая часть которой была восстановлена в Bitcoin Cash.

Разработчики Core не только уничтожили полезность Биткойна как цифровой валюты, но и лишили базовой функциональности саму оригинальную технологию. Зачем они это сделали? По той же причине, по которой они отказались увеличить лимит размера блока: он не соответствовал их новому видению Биткойна. Им не нравилось видение Сатоши, поэтому они создали своё собственное, в котором блокчейн используется только для транзакций с высокими комиссиями. Всё остальное, будь то мелкие платежи или смарт-контракты, рискует попасть в разряд "спама" и быть ограниченным разработчиками Core. Команда Counterparty поняла это на собственном опыте.

Counterparty была одной из первых групп, воспользовавшихся более широкими техническими возможностями Биткойна. Они фактически создали децентрализованный реестр цифровых активов поверх Биткойна. Пользователи могли майнить и торговать своими собственными токенами прямо поверх базового слоя. Технические подробности того, как они этого добились, не имеют значения, за исключением одной особенности. С самого начала существования Биткойна пользователи могли добавлять в блокчейн биты данных, позволяя ему обрабатывать не только простые денежные транзакции. Разработчики Counterparty, как и другие, использовали эту возможность для создания своих продуктов. К их несчастью, разработчики Core не были довольны, что люди используют технологию таким образом, поскольку считали, что это "раздувает" размер блокчейна. Однако, поскольку полностью запретить пользователям делать это невозможно, разработчики Core решили сделать понятный способ добавления небольших объёмов данных в блокчейн неприятным и сложным, они назвали его функцией "OP_RETURN".

Когда OP_RETURN был первоначально анонсирован, предполагалось, что он позволит добавлять к транзакциям 80 байт данных, которые затем могут быть легко отброшены майнерами и узлами. Работая с этим 80-байтовым числом, разработчики Counterparty должны были создать новую версию своей платформы. Однако, когда OP_RETURN был наконец выпущен, его размер был сокращён вдвое, что, по сути, стало причиной гибели проектов, которые создавались на 80 байт[3]. Это вызвало бурные споры и дебаты между разработчиками Core и Counterparty.[4]

Решение разработчиков Core оставило неприятное впечатление у многих людей и было расценено как антиинновационное. Это заметил сам Виталик Бутерин, который назвал эти споры одной из причин, по которой он создал Ethereum на совершенно отдельном блокчейне, а не на основе Биткойна. Он написал:

Драма OP_RETURN заранее подтолкнула меня к созданию Ethereum на Primecoin вместо Bitcoin. План с Primecoin был отменён, потому что в итоге мы получили больше внимания и ресурсов, чем ожидали, и поэтому смогли создать свой собственный базовый слой...[5]

А в другом месте он заявил:

Самые ранние версии протокола ETH представляли собой метакоин в стиле Counterparty поверх Primecoin. Не Биткойн, потому что в то время шли войны за OP_RETURN, и, учитывая то, что говорили некоторые Core-разработчики... я боялся, что правила протокола изменятся при мне (например, запретят определённые способы кодирования данных в txs), чтобы сделать его более сложным, и не хотел строить на основе протокола, команда разработчиков которого будет воевать со мной.[6]

Грег Максвелл ответил Бутерину, явно расстроившись из-за утверждения, что поведение разработчиков Core способствовало решению Бутерина покинуть Биткойн. Максвелл сказал:

> Можете ли вы предоставить хоть одно доказательство, подтверждающее это? Как OP_RETURN может иметь отношение к Ethereum, он ничего не делает по определению.[7]

На что Бутерин ответил:

> Вы не помните споров об OP_RETURN? Дело в том, что я воспринял такие вещи, как сокращение до 40 байт, как объявление войны против [метапротоколов в стиле Counterparty], использующих блокчейн Биткойна (чем и мог бы быть Ethereum).[8]

Отталкивая талант

Многие из ключевых разработчиков Counterparty, а также бесчисленное множество других творческих умов, в конечном итоге переключили своё внимание с блокчейна Bitcoin на блокчейн Ethereum. Сегодня Ethereum по-прежнему известен тем, что его культура и платформа более открыты для инноваций. Криптовалютный предприниматель Эрик Вурхиз позже напишет:

> К сожалению, я думаю, что Биткойн-максималисты сделали Биткойн довольно неудобным для экспериментов и разработчиков приложений, все они перешли в Ethereum, и развитие сейчас происходит явно там. Однако я не думаю, что максималистов это волнует, у них есть своя точка

зрения о золоте 2.0, к лучшему или к худшему.[9]

Отталкивая людей от Биткойна, разработчики Core укрепляли свою позицию централизованной власти над всей сетью. Они могли определять, насколько допустимы творческие эксперименты. Они также могли определять, какие проекты будут возможны или невозможны в зависимости от того, какие функции они добавят, что делало любые личные связи с разработчиками Core ценными. Они также определяли культуру развития Биткойна, которая часто была излишне эмоциональной и враждебной по отношению к инновациям. Неважно, были ли они попустительскими или строгими, важно то, что они вообще имели такое влияние.

Враждебность разработчиков Core к творческому использованию блокчейна особенно иронична, учитывая популярность утверждения о том, что Биткойн — это "программируемые деньги". Пересмотрев функцию OP_RETURN менее чем через год, Грег Максвелл напишет:

> Я думаю, что OP_RETURN показал себя серьёзно проблемным; и мы продолжаем сталкиваться с проблемами, когда люди считают, что хранение данных, не связанных с Биткойном, в цепочке... является одобренным, правильным, полезным использованием системы.[10]

В представлении Максвелла пользователи должны вести себя как члены церковной общины, следуя списку одобряемых моделей поведения, переданных им начальством. Такой уровень жесткости и контроля не способствует творчеству и не является реалистичным для сети, которая, если позволить ей масштабироваться, может состоять из миллиардов людей. Нельзя ожидать, что люди будут знать, что такое "одобренное" использование технологии; они просто будут использовать те функции, которые им полезны.

Предпринимателям и творческим людям нужна уверенность в том, что протокол, на котором они строят свою работу, не сломается внезапно из-за того, что некоторые разработчики передумают или решат, что определённое использование блокчейна неприемлемо. На практике, чем больше ограничений накладывалось на Биткойн, тем больше пользователей переходило на альтернативные системы, предоставляющие им дополнительную функциональность. Как предположил Гэвин Андресен в 2014 году, возможно, это и было запланированным результатом:

> Есть небольшое меньшинство людей, которые считают, что будет ЛУЧШЕ, если транзакции перейдут в фиатную валюту, альткоины или какие-то более централизованные решения вне блокчейна. Я с этим категорически не согласен.[11]

К счастью, когда Bitcoin Cash был выпущен, OP_RETURN был одним из первых обновлён и увеличен до 220 байт. Это дополнительное пространство в сочетании со значительно большими блоками позволяет использовать блокчейн более творчески, чем это возможно в BTC. Увеличение объёма данных не является серьёзной проблемой в рамках философии больших блоков, поскольку обычным пользователям не нужно запускать свои собственные узлы, а майнеры могут легко отбрасывать эти данные. Всем рекомендуется воспользоваться этой функцией и найти ей новое применение, даже если Грег Максвелл этого не одобрит!

Низкие комиссии также имеют решающее значение для долгосрочного успеха программируемых денег. Сегодня отношение к высоким комиссиям изменилось, но изначально даже комиссия за транзакцию в пять центов считалась смехотворно высокой. В одном из известных интервью Виталик Бутерин сказал:

> Сейчас транзакция Биткойна стоит пять центов, что... в общем, нормально, потому что комиссии PayPal ещё глупее. Но, знаете, интернет денег не должен стоить пять центов за транзакцию. Это просто абсурд.[12]

Несмотря на то, насколько высоки комиссии во всей криптовалютной индустрии, Бутерин был прав. Взимание комиссии в размере более одного цента за подавляющее большинство транзакций — это абсурд и в этом нет необходимости. Если полезность программируемых денег сдерживается пятицентовыми комиссиями, то представьте, насколько её сдерживают комиссии в 50 долларов. Стивен Пэйр из BitPay поделился схожим мнением, комментируя конкурентоспособность Биткойна как платёжной системы: «Пенни за среднюю транзакцию на цепочке — это, вероятно, слишком дорого, чтобы иметь конкурентные преимущества».[13] Нет никаких технических причин, по которым это нельзя было бы осуществить. В сети Bitcoin Cash это уже так.

Потеря доверия Core

Споры вокруг OP_RETURN и других незначительных функций были ничто по сравнению с гневом, вызванным отказом от увеличения лимита размера блоков — тем более что ключевые разработчики Core ранее согласились с тем, что увеличение лимита необходимо, даже если они не хотели его полностью убирать. Питер Вуйль писал в 2013 году:

> Я выступаю за увеличение лимита размера блока в ходе хардфорка, но очень против полной отмены лимита... Моим предложением было бы единовременное увеличение блоков до, возможно, 10 или 100 мегабайт (это будет обсуждаться), а после этого — как можно более медлен-

ный экспоненциальный дальнейший рост.[14]

Несмотря на слова, их действия тормозили рост Биткойна в критический момент, и в итоге философия малых блоков стала ещё более радикальной. К 2013 году Биткойн-энтузиасты стали проявлять нетерпение повсеместно, к 2014 году оно стало более громким, а в 2015 году было полностью подавлено. Никто не отразил эти настроения лучше, чем Майк Хирн, в публичной переписке с Грегом Максвеллом. В начале письма Хирн процитировал Максвелла, который пытался доказать, что крошечные блоки всегда были планом с самого начала:

> *«Было хорошо... понятно, что пользователи Биткойна захотят защитить его децентрализацию, ограничив размер цепочки, чтобы его можно было проверять на небольших устройствах».*

Нет, не было. Это то, что вы придумали сами гораздо позже. «Малые устройства» нигде не определены, так что такого понимания быть не могло. На самом деле всё было наоборот... Пожалуйста, не пытайтесь втюхать мне, что это был за план...

Если бы Сатоши с самого начала сказал: «Биткойн никогда не сможет масштабироваться. Поэтому я хочу, чтобы он был сильно ограничен и использовался лишь горсткой людей для редких транзакций. Я выбрал 1 Мб в качестве произвольного предела, чтобы гарантировать, что он никогда не станет популярным»...

...тогда я бы не стал в этом участвовать. Я бы сказал, что мне не очень хочется вкладывать усилия в систему, которая не должна быть популярной. Как и многие другие люди...

В конце письма он предложил Максвеллу создать свой собственный альткоин, а не захватывать и не переделывать Биткойн под свои личные предпочтения:

> Послушайте, очевидно, что вы решили, что путь развития
> Биткойна не соответствует вашим личным предпочтениям.
> Это прекрасно. Создайте альткоин, в учредительных доку-
> ментах которого будет указано, что он должен всегда рабо-
> тать на Raspberry Pi 2015 года или что вы там подразуме-
> ваете под "маленьким устройством". Удалите возможность
> SPV из протокола, чтобы каждый должен был полностью
> подтвердить свою работу. Убедитесь, что все с первого дня
> понимают, для чего предназначен ваш альткоин.
>
> Тогда, когда кто-то скажет, что было бы неплохо, если бы
> у нас было больше возможностей, вы или кто-то другой
> сможете указать на письма с анонсами и сказать: "Нет,
> GregCoin предназначен для того, чтобы всегда быть вери-
> фицируемым на маленьких устройствах, это наш социаль-
> ный контракт, и по этой причине он записан в правилах
> консенсуса".
>
> Но ваша попытка превратить Биткойн в альткоин, вос-
> пользовавшись временным решением, отчаянна и глубо-
> ко расстроит многих людей. Не многие бросили работу и
> открыли компании, чтобы создавать продукты только для
> сегодняшней крошечной базы пользователей.[15]

Никто не сказал об этом лучше, чем Майк Хирн, ни тогда, ни
сейчас. Хотя он и Гэвин Андресен разделяли схожее техническое
видение Биткойна, Хирн явно был больше готов постоять за свои
убеждения из них двоих. После неудач Биткойна и того, во что он
превратился сегодня, я думаю, что гнев и разочарование Хирна были
оправданы, и он, конечно, был не одинок.

«Наши новые владыки»

Андреас Антонопулос, который с тех пор стал популярным защитником Биткойна и криптовалют, также выразил своё разочарование поведением разработчиков Core и г-на Максвелла в частности на онлайн-форумах, сказав:

> [Максвелл] ранее разместил несколько неверных цитат, а затем не отказался от них и не извинился... Относитесь к любым цитатам, которые он размещает, с крайним подозрением, особенно если они выборочные, короткие, вырванные из контекста и пытаются оклеветать — то есть его обычное поведение. Он обосновывает своё мнение как единственно верное, "нейтральное" мнение, которое мы бы все приняли, если бы не были такими тупыми...
>
> Единственное, что имело значение в этих дебатах, — это мнение 3-4 разработчиков, которые не хотели, чтобы какой-либо процесс... привёл к чему-либо, кроме того, что они уже решили. Они крутили и вертели, но в итоге сделали именно то, что хотели с самого начала: цензура отдельных мнений путём исключения.
>
> Да здравствуют наши новые владыки. Они не просто кодеры, они медиадиректора и хозяева Биткойна. Как говорится, если вам не нравится... делайте что хотите.[16]

В конце 2014 года, когда Гэвин Андресен ещё работал в Bitcoin Foundation, он написал статью, в которой изложил план масштабирования. После написания бесчисленных сообщений на форумах, в блогах и по электронной почте, объясняющих, почему необходимо увеличить лимит размера блоков, он пришёл к выводу, что наконец-то пора двигаться дальше:

Следующая проблема масштабирования, которую необходимо решить, — это жёстко установленное ограничение на размер блока в 1 мегабайт, что означает, что сеть может поддерживать только примерно 7 транзакций в секунду... Всегда предполагалось повысить этот лимит, когда объём транзакций будет требовать более крупные блоки...

"Потому что Сатоши так сказал" не является веской причиной. Однако оставаться верным первоначальному видению Биткойна очень важно. Именно это видение вдохновляет людей вкладывать своё время, энергию и средства в эту новую, рискованную технологию.

Я считаю, что максимальный размер блока должен быть увеличен по той же причине, по которой НИКОГДА не должен быть увеличен лимит в 21 миллион монет: потому что людям сказали, что система будет масштабироваться для обработки большого количества транзакций, так же как им сказали, что всегда будет только 21 миллион Биткойнов.[17]

Всего через несколько месяцев после написания этого поста стало совершенно ясно, что разработчики Core не собираются повышать лимит размера блока. Чтобы Биткойн с большими блоками существовал в том виде, в котором его задумал Сатоши, Хирну и Андресену пришлось взять дело в свои руки.

15

Противодействие

Бесконечные споры не дали результатов. Биткойн не масштабировался, а сторонники малых блоков не были заинтересованы в компромиссе. В мае 2015 года разработчик Core Мэтт Коралло написал:

> Лично я категорически против увеличения размера блока в ближайшем будущем. Долгосрочная совместимость стимулов требует, чтобы существовало некоторое давление комиссии и чтобы блоки были относительно постоянно заполнены или почти заполнены. Сегодня мы видим, что транзакции получают подтверждение в следующем блоке, при этом практически отсутствует влияние на добавление от размера комиссии...[1]

В конце того же года было решено, что разработчиков Core нужно обойти. Должна была быть создана другая программная реализация, и если большинство хэш-мощностей перейдет на нее, то сеть успешно обойдет Core. Поскольку долгосрочной целью всегда было наличие конкурирующих реализаций, неуступчивость Core стала отличной причиной для начала соревнования — решение, которое навсегда изменит историю Биткойна.

BitcoinXT и BIP101

Майк Хирн и Гэвин Андресен ранее создали альтернативную реализацию под названием Bitcoin XT, чтобы внести некоторые некритичные изменения в программное обеспечение. Bitcoin XT по-прежнему был совместим с Bitcoin Core — они оба подключали пользователей к одной сети, — но это позволило Хирну работать над другим проектом под названием Lighthouse, который представлял собой краудсорсинговую платформу, использующую Биткойн в качестве валюты. Чтобы заставить Lighthouse работать правильно, ему потребовалось внести небольшие изменения в программное обеспечение Core, но поскольку это оказалось практически невозможным, он решил создать собственную реализацию. Именно эта альтернативная реализация была выбрана в качестве замены Bitcoin Core на большой блок. В Bitcoin XT будет увеличен размер блока, что сделает его несовместимым с Core, и если критическая масса майнеров воспользуется им, то сеть, наконец, будет успешно модернизирована, что позволит использовать более крупные блоки. Сатоши описал этот механизм обновления в whitepaper:

> Механизм доказательства работы также решает проблему приоритетов в принятии решений большинством... Доказательства работы — это, по сути, «один процессор — один голос». Решение большинства представлено самой длинной цепочкой, в которую вложено наибольшее количество усилий по доказательству работы...

Майнеры голосуют мощностями своих процессоров, выражая свое согласие с действительными блоками, работая над их расширением, и отвергая невалидные блоки, отказываясь работать с ними. Любые необходимые правила и стимулы могут быть обеспечены с помощью этого механизма консенсуса.[2]

Bitcoin XT не только улучшит сеть с технической точки зрения, но и положит конец доминированию Bitcoin Core над исходным кодом, сделав XT основным репозиторием в сети. Плохие руководители и нарушенный процесс принятия решений в Core больше не будут иметь значения. Журналист New Yorker спросил Андресена об этом в интервью:

Я спросил Андресена, если XT будет принят, будет ли он приглашать всех прежних разработчиков Bitcoin Core в новую команду XT. Он ответил, что с XT будут работать другие разработчики. Отчасти форкинг нужен для того, чтобы иметь четкий процесс принятия решений по разработке программного обеспечения.[3]

Читатели, симпатизирующие оригинальному видению, возможно, подумают: «Давно пора!», но не забывайте, что решение о создании альтернативы Bitcoin Core было крайне сложным. Почти весь криптовалютный мир в то время был объединен в рамках одного сообщества и сети Биткойна. В моих многочисленных беседах с Биткойн-предпринимателями разочарование в Core было почти всеобщим, но желание сохранить сеть было еще сильнее. Если бы ситуация запуталась, это могло бы расколоть сообщество и его экономику.

Держаться вместе

Риск разрушения сообщества нужно было сравнить с риском сбоя сети. Если бы блоки переполнились, комиссии подскочили, а сеть не справилась с транзакционной нагрузкой — беспрецедентное событие для того времени — пользовательский опыт стал бы мучительным и ненадежным, и это могло бы навсегда оттолкнуть людей от Биткойна. В 2015 году технология еще не стала мейнстримом, и многие обитатели финансового мира с нетерпением ждали ее провала. Поэтому, чтобы избежать кризиса, нужно было повысить лимит размера блоков, уволить разработчиков Core, но индустрии нужно было дождаться подходящего момента. Оглядываясь назад, теперь, когда мы наблюдаем многочисленные случаи сбоев в работе сети BTC, становится ясно, что публика может потерпеть — хотя, возможно, потому, что они приняли версию Core и не знают лучшего. Высокие комиссии, конечно, вредны для BTC, но пока что они не разрушили доверие к сети окончательно.

В рамках разработки Биткойна существовал официальный способ предлагать новые изменения в программном обеспечении. Программисты писали «Предложения по улучшению Биткойна», иначе называемые «BIP». BIP варьировались от тривиальных улучшений до существенных изменений. После создания BIP, если возникали разногласия, начинались дебаты, чтобы решить, следует ли принять предложение или отклонить его. Ранее были созданы различные BIP, позволяющие увеличить размер блоков. Некоторые из них были скромными, другие — радикальными. Ни один из них не был принят в Bitcoin Core.

Майк Хирн и другие создали BIP101, предложив немедленно увеличить лимит размера блока до 8 Мб, а затем увеличивать его с каждым блоком, в результате чего лимит будет удваиваться каждые два года и к 2035 году достигнет максимального размера в 8 Гб, что позволит проводить около 40 000 транзакций в секунду (что в несколько раз превышало пропускную способность Visa в то время). Позднее Хирн размышлял над этим предложением:

> В августе 2015 года стало ясно, что из-за серьезных ошибок в управлении проект «Bitcoin Core», поддерживающий программу, которая управляет пиринговой сетью, не собирается выпускать версию, увеличивающую предельный размер блока... Поэтому несколько опытных разработчиков (включая меня) собрались вместе и разработали необходимый код для увеличения ограничения. Этот код назывался BIP 101, и мы выпустили его в модифицированной версии программного обеспечения, которую мы назвали Bitcoin XT. Запустив XT, майнеры могли проголосовать за изменение лимита. Как только 75% блоков проголосуют за изменение, правила будут скорректированы и разрешены блоки увеличены.[4]

Механизм обновления был прост и понятен. Майнеры, работающие на Bitcoin XT, могли проголосовать, и если подавляющее большинство хешрейта высказывалось в пользу BIP101, то он активировался после двухнедельного периода. BIP101 считался «жесткой вилкой», поскольку он был несовместим с предыдущими версиями программного обеспечения, в отличие от «мягкой вилки», которая сохраняет совместимость. Из-за того, как Сатоши поспешно добавил ограничение на размер блока, для его увеличения потребовалась бы «жесткая вилка». Разработчики Core громко протестовали против идеи жесткой вилки, утверждая, что это может привести к сбою или расколу сети. Многие из них утверждали, что менее рискованно менять всю экономику Биткойна, чем устраивать хардфорк. Питер Вуйль из Bitcoin Core заявил:

> Если мы готовы пойти на риск хардфорка (жесткой вилки) из-за страха перед изменениями в экономике, то я считаю, что сообщество Биткойна вообще не готово к изменениям.[5]

Оглядываясь назад, можно сказать, что шумиха вокруг хардфорков выглядит слишком раздутой. Почти каждый криптовалютный проект проходил хардфорки, поскольку они являются важным механизмом обновления критически важного кода, исправления ошибок и сокращения технического долга. Ethereum регулярно проводил хардфорки. Bitcoin Cash пережил несколько с момента своего выхода. Но в 2015 году прецедент еще не был создан, и Core удалось заронить страх того, что хардфорк может сломать сеть. В действительности, даже если при обновлении произойдет программная ошибка и работа сети будет нарушена, ее просто исправят, как это делали в прошлом с другими критическими ошибками. Риски сбоев ничтожно малы по сравнению с рисками перестройки всей системы — все равно что делать химиотерапию, чтобы защититься от простуды!

На мой взгляд, реальная причина страха BIP101 заключалась в том, что это привело бы Bitcoin Core к потере контроля над разработкой и владением ключами к репозиторию кода сети. Поскольку XT добавит BIP101, а Core — нет, две реализации станут несовместимыми друг с другом на уровне протокола, что приведет к тому, что реализация меньшинства будет отделена от основной сети. Требование 75% майнеров поддержать изменения сделало бы сбои для обычных пользователей минимальными, но были бы губительны для Core и их сторонников. Оставшимся майнерам придется либо обновить свое программное обеспечение, чтобы обеспечить возможность работы с более крупными блоками, либо создать собственный отдельный блокчейн.

История Bitcoin XT навсегда опровергает идею о том, что Биткойн не поддается человеческому влиянию. Напротив, он глубоко социален, и его история формируется не за счет написания программного кода — она формируется людьми, принимающими сложные решения в социальном, экономическом и политическом контексте. Хотя почти каждый серьезный бизнесмен поддерживал увеличение размера блоков, некоторые считали, что отстранение Core будет слишком радикальным. Вместо этого они публично поддержали BIP101 и призвали Bitcoin Core включить его в свое программное обеспечение. Несколько крупнейших компаний, не занимающихся майнингом Биткойна, выпустили совместное заявление, в котором поддержали BIP101 и блоки размером 8 МБ, но не высказались однозначно в поддержку Bitcoin XT. Подписи поставили Стивен Пэйр, генеральный директор Bitpay, Питер Смит, генеральный директор Blockchain.info, Джереми Аллейр, генеральный директор Circle.com, Венс Казарес, генеральный директор Xapo.com, Майк Белше, генеральный директор Bitgo.com, и другие. В заявлении говорится следующее:

> Наше сообщество стоит на распутье... После длительных бесед с разработчиками Core, майнерами, нашими техническими командами и другими участниками индустрии мы считаем необходимым планировать успех путем увеличения максимального размера блока.
>
> Мы поддерживаем реализацию BIP101. Мы считаем убедительными аргументы Гэвина о необходимости более крупных блоков и возможности их реализации при сохранении децентрализации Биткойна. BIP101 и блоки размером 8 МБ уже поддерживаются большинством майнеров, и мы считаем, что настало время индустрии объединиться и поддержать это предложение.
>
> Наши компании будут готовы к большим блокам к декабрю 2015 года, и мы будем использовать код, поддерживающий их... Мы обязуемся поддерживать BIP101 в нашем

программном обеспечении и системах к декабрю 2015 года, и мы призываем других присоединиться к нам.[6]

Bitcoin XT — это невысказанная часть этого письма. «Мы запустим код с поддержкой BIP101 в декабре» переводится как «Если Bitcoin Core не позволит это обновление, мы перейдем на XT».

Некоторые из крупнейших майнеров того времени сделали аналогичное заявление. В нем они не только выразили свою поддержку более крупных блоков, но и опровергли один из аргументов, который выдвигал Bitcoin Core: что 8 МБ будет слишком большим размером для китайских майнеров, которые находятся за знаменитым «Великим китайским файрволом». Ранее Core утверждали, что 8 МБ вызовут проблемы с пропускной способностью и произойдут задержки. Однако несколько крупных китайских майнинговых компаний, производящих более 60% общего хешрейта Биткойна[7], подписали письмо, в котором заявили, что готовы к блокам размером 8 МБ.

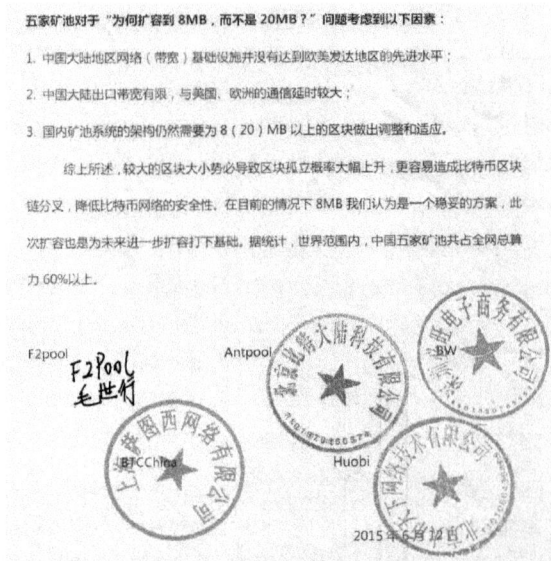

Рисунок 5: Отраслевое письмо, подписанное китайскими майнерами

Один из переведенных фрагментов гласит:

> Если текущая сеть не способна поддерживать блоки размером более 1 МБ, то настойчивость Core на ограничении размера блока вполне объяснима. Но на самом деле даже при наличии Великого брандмауэра китайские майнинговые пулы заявили, что хотят иметь размер блока 8 МБ.[8]

После того как международное сообщество согласилось с тем, что лимит размера блоков должен быть увеличен, казалось, что власть и влияние Bitcoin Core подходят к концу.

Время делать форк

15 августа 2015 года Майк Хирн написал еще одну эпохальную статью в истории Биткойна под названием «Почему Биткойн делает форк?», в которой объяснил, почему должно произойти разделение.[9] Статью стоит прочитать целиком, а здесь мы приводим несколько выдержек:

> Вот и все. Вот мы и на месте. Сообщество разделилось, и происходит форк Биткойна: и программное обеспечение, и, возможно, цепочка блоков тоже. Раскалывается на две части: Bitcoin Core и вариант той же программы под названием Bitcoin XT... Такого форка еще не было. Я хочу объяснить происходящее с точки зрения разработчиков Bitcoin XT: пусть не говорят, что не было достаточной коммуникации...
>
> План Сатоши объединил нас всех... Именно идея о том, что обычные люди будут платить друг другу через цепочку блоков, создала и объединила это глобальное сообщество. Это то видение, на которое я подписался. Это видение, на которое подписался Гэвин Андресен. Это видение, на которое подписались многие разработчики, основатели

стартапов, евангелисты и пользователи по всему миру. Теперь это видение под угрозой.

В последние месяцы стало ясно, что у небольшой группы людей радикально иные планы в отношении Биткойна... Они видят золотой шанс насильственно отклонить Биткойн от намеченного пути и вывести его на совершенно иную техническую траекторию.

Затем он объяснил, что, учитывая огромную разницу между конкурирующими концепциями, наиболее разумным решением для сторонников малых блоков было бы создание собственной альтернативной монеты, а не захват Биткойна путем использования того, что он назвал «временным решением», то есть ограничения размера блока. Однако было очевидно, что сторонники малых блоков не уйдут, чтобы создать свой собственный независимый проект, и не пойдут на компромисс, даже слегка увеличив лимит. Хирн расценил это как свидетельство структурных недостатков Bitcoin Core:

Почему этот спор не может быть решен каким-то более цивилизованным способом, чем откровенный раскол? Проще говоря, процесс принятия решений в Bitcoin Core сломался. Теоретически, как и почти во всех проектах с открытым исходным кодом, у Core есть «мейнтейнер». Работа мейнтейнера заключается в сопровождении проекта и принятии решений о том, что в него войдет, а что нет. Мейнтейнер — это босс. Хороший мейнтейнер собирает отзывы, взвешивает за и против и затем принимает решения. Но в случае с Bitcoin Core дебаты о размере блока затянулись на годы.

Проблема в том, что любое изменение, независимо от того, насколько оно очевидно, может быть полностью отменено, если оно станет «спорным», т.е. если у другого человека, у которого есть доступ к коммитам, есть возражения. Поскольку есть пять человек с доступом к коммитам и множество других, у кого нет доступа, но кто также может сказать, что изменения «спорные» — это тупик. Тот факт, что размер блока никогда не должен был быть постоянным, перестал иметь значение: тот факт, что эта тема обсуждается, сам по себе достаточен для того, чтобы этого не произошло. Как комитет без председателя, собрание никогда не закончится...

Перечислив список ключевых компаний и лиц, которые поддерживали Хирна и Андресена, он указал на огромную асимметрию власти между разработчиками Core и остальными предпринимателями и инженерами — участниками индустрии Биткойна. Независимо от того, сколько бы поддержки ни получало то или иное предложение, оно может быть отклонено горсткой людей, обладающих правом вето:

Компании представляют многих из самых увлеченных, преданных и технически профессиональных специалистов Биткойна. Они поддерживают критически важную инфраструктуру. Однако мнения людей, которые ее создают, считаются «искажающими смысл консенсуса». А как насчет разработчиков кошельков? Они — люди, в наибольшей степени понимающие потребности пользователей. Их никогда не спрашивали. А когда они все же высказались, это ничего не изменило; их мнение считается неважным...

Становится все яснее, что «консенсус», о котором так часто говорят в сообществе Bitcoin Core, на самом деле означает мнение крошечной горстки людей, независимо от того, что думают остальные члены сообщества, сколько работы они проделали и сколько пользователей у их продуктов.

Другими словами, «консенсус разработчиков» — это маркетинг, пыль в глаза пользователей Биткойна, чтобы не дать им узнать правду: действуя согласованно, всего два или три человека могут сломать Биткойн так, как сочтут нужным.

В конце своей статьи Хирн продемонстрировал, что форк — единственный способ предотвратить захват со стороны разработчиков, так как он обеспечит конкурентное соперничество, не позволяющее разработчикам делать все, что им вздумается:

> Короче говоря, они считают, что единственный механизм, который есть у Биткойна, чтобы ограничить их власть, никогда не должен использоваться. Я не думаю, что они действительно хотели сказать именно так, но это так. Они считают, что не должно быть никакой альтернативы их решениям. Все, против чего они возражают по каким-либо причинам, должно быть уничтожено навсегда... и, таким образом, Биткойн — это их игрушка, с которой они могут делать все, что захотят.
>
> Такое положение дел больше не может продолжаться. Проект Bitcoin Core показал, что он не может реформироваться, поэтому от него нужно отказаться. Именно поэтому происходит форк Биткойна. Мы надеемся, что все это понимают.

В очередной раз никто не подвел итог ситуации точнее, чем Майк Хирн. Его статья была признана блестящей формулировкой проблем Биткойна, а также оправданием для отхода от Bitcoin Core. Однако для сторонников малых блоков это было равносильно объявлению войны. Если бы подавляющее большинство майнеров последовало за Хирном и Андресеном, то видение Биткойна с малыми блоками стало бы равнозначным любому альткоину, а разработчики Core фактически были бы уволены. Поэтому сразу же началась широкомасштабная кампания по отключению XT, пока он не набрал достаточной популярности.

16

Блокирование выхода

Биткойн выглядит наиболее децентрализованным, если смотреть на него со стороны. При ближайшем рассмотрении становится ясно, что существует небольшое количество критически важных положений, которые оказывают решающее влияние на сеть. В качестве примера можно привести контроль над программными ключами. Другой пример — контроль над информационными потоками в сети. Мощный нарратив BTC, повсеместно повторяемый в СМИ, возник не спонтанно и не в результате свободной и открытой дискуссии между энтузиастами Биткойна. Двумя наиболее важными дискуссионными платформами, на которых происходило подавляющее большинство обсуждений, были bitcointalk.org и субреддит r/Bitcoin, обе они до сих пор пользуются огромной популярностью. Обе платформы, как оказалось, контролирует один и тот же человек, известный под псевдонимом «Theymos». Ему также принадлежит The Bitcoin Wiki (Bitcoin.it). Это один человек, обладающий огромной властью формировать взгляды и направлять поток информации, и когда пришло время, он без колебаний воспользовался этой властью.

Начало цензуры

В прошлом сайт Bitcoin.org считался нейтральной страницей для тех, кто узнает о Биткойне. На ней была основная вводная информация, ссылки на компании и сервисы отрасли, а также другие ресурсы, которые новички могли бы найти полезными. Однако, поскольку она контролировалась сторонниками Bitcoin Core, эта видимость нейтральности быстро испарилась, как только Bitcoin XT начал угрожать доминированию разработчиков Core. 16 июня 2015 года Bitcoin.org объявил свою официальную «Политику хардфорка», которая гласила:

> Похоже, что недавние дебаты о размере блока, скорее всего, приведут к попытке спорного хардфорка... Опасность спорного хардфорка потенциально настолько велика, что Bitcoin.org решил принять новую политику:
>
> Bitcoin.org не будет обновлять программное обеспечение или сервисы, которые могут изменить существующий консенсус из-за противоречивой попытки хардфорка.
>
> Эта политика применяется к программному обеспечению полного узла, такому как Bitcoin Core, программным форкам Bitcoin Core и альтернативным реализациям полного узла. Она также распространяется на кошельки и сервисы... которые публикуют код или делают объявления, указывающие на то, что они прекратят работу на стороне предыдущего консенсуса...[1]

Другими словами, любые компании, поддерживающие Bitcoin XT вместо Core, будут удалены с сайта. Поскольку Bitcoin.org часто считался и продолжает считаться «официальным» сайтом Биткойна, такая политика поможет создать представление о том, что любые «спорные форки», не согласованные с Core, по умолчанию являются нелегитимными. Это объявление было немедленно раскритиковано многими сторонниками Биткойна, в том числе Майком Хирном:

> Вы хотите, чтобы новые пользователи не узнали о Bitcoin XT. Почему бы просто не сказать об этом прямо? Ваша позиция ошибочна и только снизит полезность bitcoin. org как места, где можно узнать важную информацию. Более того, вы по сути поддерживаете текущее положение вещей, при котором крошечное количество людей может наложить вето на любое изменение в Биткойне, независимо от того, насколько широко оно поддерживается остальным сообществом. Это не децентрализация. И в конечном итоге она гораздо опаснее для Биткойна.
>
> Если вы попытаетесь заблокировать единственный способ, которым сообщество может отклонить решения этой крошечной группы, вы фактически обрекаете проект на милость тех, кто был рядом в самом начале проекта и получил доступ к публикации коммитов.[2]

Хирн также отметил абсурдность этой политики, учитывая огромную поддержку больших блоков во всей индустрии:

> ...говорится, что вы исключите из списка любой кошелек или сервис, который объявит, что будет работать на другой стороне «предыдущего консенсуса». В настоящее время все кошельки GreenAddress, которые мы опросили, сказали нам, что они поддерживают крупные блоки. Кроме того, все крупные платежные процессоры, с которыми мы общались, также заявили об этом. Плюс крупные биржи. Поэтому, чтобы соответствовать этой политике, вам придется удалить с сайта все кошельки и все основные сервисы (кроме GreenAddress).

Другой Биткойн-энтузиаст Уилл Биннс написал:

Bitcoin.org должен стараться оставаться как можно более беспристрастным в публично обсуждаемых вопросах. Каждый день на этот сайт заходят сотни, если не тысячи людей, многие из которых — новички, впервые узнающие о Биткойне. Для существующих пользователей этот сайт также является невероятным ресурсом в большинстве случаев.

Создается впечатление, что этот пост создан для того, чтобы повлиять на общественное мнение, а не для чего-то другого. В нем нет ни полного контекста, ни ссылок на более широкий спектр информации об основных вопросах, на которые он ссылается, чтобы читатель мог сформировать собственное мнение, — все это выглядит как навязывание предвзятого мнения.[3]

Эта новая политика хардфорка — не последний случай, когда сайт Bitcoin.org использовался для введения людей в заблуждение относительно того, что Bitcoin Core — это «официальное» программное обеспечение, а любые конкуренты — вне закона. Хотя влияние этой конкретной политики было незначительным по сравнению с тем, что произошло с онлайновыми дискуссионными форумами.

Reddit захвачен

В течение нескольких месяцев на субреддите r/Bitcoin пользователи часто жаловались на то, что их сообщения подвергаются цензуре и удаляются с платформы. В одной из тем, получивших наибольшее количество голосов за всю историю форума, содержался призыв к отставке и замене модераторов.[4] Вскоре после публикации эта тема была удалена, а уже на следующий день, в августе 2015 года, Theymos объявил о новой политике модерации на r/Bitcoin, в соответствии с которой все обсуждения Bitcoin XT подвергались цензуре. Пост получился длинным, но его рекомендуется прочитать, поскольку он знаменует собой еще одну веху в истории Биткойна. Основным посылом было то, что все хардфорки являются нелегитимными без «консенсуса» разработчиков Core. В связи с этим Bitcoin XT не является настоящим Биткойном и поэтому больше не может обсуждаться на платформе. Выдержки из объявления приведены ниже:

> r/Bitcoin существует, чтобы обсуждать Биткойн. XT, если/когда его хардфорк будет активирован, отделится от Биткойна и создаст отдельную сеть/валюту. Поэтому он и поддерживающие его сервисы не должны быть допущены на r/Bitcoin...

> Есть существенная разница между обсуждением предлагаемого хардфорка Биткойна... и рекламой программного обеспечения с целью формирования конкурирующей сети/валюты. Последнее явно противоречит установленным правилам r/Bitcoin, и хотя технология Биткойна будет продолжать прекрасно работать независимо от того, что делают люди, даже попытка разделить Биткойн подобным образом нанесет вред экосистеме и экономике Биткойна.

Theymos далее объясняет свое решение в форме сессии вопросов и ответов:

> *Почему XT считается альткоином, хотя он еще не отделился от Биткойна?*

> Поскольку он намеренно запрограммирован на отделение от Биткойна, я не считаю важным, что XT пока не отличается от Биткойна...

> *Могу ли я по-прежнему обсуждать предложения о хардфорке на r/Bitcoin?*

> Сейчас — нет, если только у вас нет чего-то действительно нового и существенного. После удаления можно будет

обсуждать любые хардфорки для Биткойна, кроме тех, которые делают хардфорк без консенсуса, поскольку такие реализации не являются Биткойном.

Откуда вы знаете, что консенсуса нет?

Консенсус — это то, на что надо ровняться. Это не то же самое, что большинство. В общем случае консенсус означает, что существует почти единогласие. В конкретном случае хардфорка «консенсус» означает, что «нет заметной вероятности того, что хардфорк приведет к расколу экономики Биткойна на две или более незначительных части».

Я знаю почти наверняка, что консенсуса по поводу изменений в XT не будет, потому что разработчики ядра Биткойна Владимир, Грег и Питер выступают против этого. Этого достаточно, чтобы заблокировать консенсус...

Но с такой высокой планкой блоки размером 8 МБ будут невозможны!

Если по одному конкретному предложению хардфорка никогда не удастся достичь консенсуса, то хардфорк никогда не должен состояться. Если вы чего-то хотите, это не значит, что вам разумно отбирать Биткойн у тех, кто этого не хочет, даже если на вашей стороне большинство (а в данном случае это не так). Это не какая-то демократическая страна, где вы всегда можете добиться своего при помощи достаточного политического давления. Добейтесь консенсуса, живите без изменений или создайте свой собственный альткоин...

В конце своего заявления он добавил, что неважно, все ли с ним не согласны или презирают цензуру:

Если 90% пользователей r/Bitcoin считают эту политику невыносимой, то я хочу, чтобы эти 90% пользователей r/Bitcoin ушли. И r/Bitcoin, и эти люди станут от этого счастливее.[5]

Биткойн-сообщество было в ярости. Объявление Theymos стало еще одной мрачной вехой в истории Биткойна и вызвало бурную реакцию. В теме накопилось более тысячи комментариев. Небольшая выборка из них дает представление об общей тональности ответов:

«Называть XT альткоином нелепо, в лучшем случае это попытка зацепиться за семантику. Эта тема заслуживает того, чтобы ее обсудили, и запрет на ее дальнейшее обсуждение — это грубая ошибка по отношению к сообществу».

«Пожалуйста, переименуйте этот подраздел в r/bitcoincore, если это все, что здесь будет обсуждаться. Называть его r/bitcoin, но запрещать обсуждение альтернативных клиентов и правил консенсуса — значит вводить в заблуждение...»

Другой пользователь не смог удержаться от сарказма по поводу этой ситуации:

Поздравляю r/Bitcoin, я рад, что вы наконец-то выбрали генерального директора Биткойна. Теперь у вас есть центральный орган, который вы всегда хотели, и который точно скажет вам, как вы должны думать и действовать. Больше не нужно думать и решать за себя, у вас есть Theymos, который точно скажет вам, что такое Биткойн, каковы законы и правила Биткойна, что думают разработчики... Так что если вы когда-нибудь будете сомневаться, Theymos отныне будет принимать все решения за вас.

Один из пользователей предположил, что модераторы могли быть скомпрометированы:

Я думаю, стоит обсудить возможность того, что команда модераторов была скомпрометирована, и банки (или кто бы то ни было) могут заработать деньги, контролируя дискуссии.

Theymos не стеснялся своего решения и раскрыл свою цензурную стратегию в разговоре, который в итоге стал достоянием гласности:

> Вы, наверное, наивны, если думаете, что это никак не повлияет. Я модерировал форумы задолго до Биткойна (некоторые из них были довольно большими) и знаю, как модерация влияет на людей. В долгосрочной перспективе запрет XT на r/Bitcoin уменьшит шансы XT на захват Биткойна. Шанс все еще есть, но он меньше. (Этому способствуют одновременные действия на bitcointalk.org, bitcoin. it и bitcoin.org)... У меня есть власть над некоторыми централизованными сайтами, которую я решил использовать на благо Биткойна в целом...[6]

Независимо от морального статуса его решения, Theymos был прав в том, что модерация может эффективно использоваться для манипуляции. Она может научить людей тому, что попытки подвергать сомнению официально изложенную информацию неприемлемы и будут наказаны, а в данном случае она сыграла решающую роль в росте популярности идей о малых блоках. По сей день новички не подозревают, что им предоставляют лишь одну точку зрения — точку зрения, с которой сам Сатоши был бы категорически не согласен. Когда обычный человек сталкивается с одной и той же информацией на нескольких платформах, в Bitcoin Wiki и на дискуссионных форумах, он даже не подозревает о существовании другой точки зрения, не говоря уже о том, чтобы иметь обоснованное мнение. Со временем такой информационный контроль приобретает огромную силу.

Эффект домино

Решение подвергнуть цензуре все обсуждения Bitcoin XT привело в ярость не только обычных сторонников Биткойна. Оно также расстроило коллег-модераторов. Через несколько дней после объявления Theymos принципиальный и ответственный модератор «jratcliff63367» написал резко критическую статью под названием «Исповедь модератора r/Bitcoin». Один из разделов гласит:

> Когда Theymos решил использовать свою централизованную власть над r/Bitcoin, чтобы подавить все дебаты и обсуждения Bitcoin XT, он нарушил основной принцип. В децентрализованной одноранговой сети любая точка централизованного контроля является проблематичной... Один-единственный человек осуществляет абсолютный централизованный контроль над двумя крупнейшими коммуникационными платформами для обсуждения будущего и эволюции Биткойна...
>
> Он обладает абсолютной властью над тем, что можно или нельзя обсуждать, включая полную и тотальную цензуру над изложением материала в двух крупнейших СМИ.[7]

Всего через десять дней после публичной критики Theymos со стороны jratcliff63367 он был удален с поста модератора r/Bitcoin. Позже он предположил, что его удалили из-за предположений о том, что разработчики Core могут быть скомпрометированы:

> Небезосновательно предположить, что с разработчиками ядра связались «шпионы» и оказывают на них влияние. Устранить Биткойн так, чтобы почти вся ликвидность проходила по побочным каналам и только крупные организации могли получить доступ к основной сети, было бы

отличным решением проблемы, которую мировые правительства считают серьезной...

На самом деле правительству все равно, появится ли новый «класс активов», например Биткойн. Существуют миллиарды классов активов, какая им разница, Биткойн это или дети-бобы? Их волнует то, что люди переводят эти ценности без возможности их отследить и перехватить. Если единственные, кто могут получить прямой доступ к блокчейну, — это крупные банки... ну, вы поняли идею.[8]

Такая же жесткая цензура существует и сегодня, но количество людей, попавших в этот информационный пузырь, гораздо больше. Влияние этих мер контроля невозможно переоценить. Огромная путаница вокруг Биткойна существует во многом благодаря целенаправленным усилиям горстки людей отсеять всю информацию, которая противоречит их представлениям и, в конечном счете, оспаривает их власть. К сожалению, массовая цензура и пропаганда были не единственной тактикой, использованной против Bitcoin XT. Были приняты и более агрессивные меры.

DDoS-атаки начинаются

SlushPool был одним из многих майнинговых пулов Биткойна. Майнинг-пул — это стандартный способ регулирования доходов майнеров. Без пула отдельные майнеры должны ждать, пока они лично найдут блок, чтобы заработать хотя бы несколько Биткойнов. Но с пулом майнеры объединяют свои хэш-мощности и делят между собой вознаграждение за блок, что значительно повышает их шансы получить доход. Практически все майнеры входят в пулы. Поэтому, когда SlushPool подвергся DDoS-атаке после начала голосования по BIP101, это затронуло многих людей. 25 августа 2015 года SlushPool получил письмо от злоумышленников, в котором говорилось, что атаки будут продолжаться до тех пор, пока они не прекратят поддерживать Bitcoin XT.[9] По данным MIT Technology Review:

> Алена Вранова... сказала, что компания получила сообщение о том, что атака закончится, как только она отключит возможность для клиентов заявить о поддержке идеи Андресена. [Они были вынуждены выполнить это требование, поскольку атака была достаточно мощной, чтобы вызвать проблемы с подключением у некоторых майнеров SlushPool. «Это деструктивное поведение», — говорит Вранова. «Я бы восхищалась теми, кто выделяется, объясняет и продвигает свою идею. Но это просто трусость»...
>
> Еще одной жертвой стала хостинговая компания ChunkHost, расположенная в Лос-Анджелесе. Она не получала сообщений, но атака была направлена на одного из клиентов, который недавно перевел программное обеспечение, поддерживающее Биткойн-банкомат, на Bitcoin XT. «Все выглядело довольно ясно. Как только он перешел, его атаковали», — говорит Джош Джонс, основатель ChunkHost.

Другие пользователи Bitcoin XT сообщили о том же. Один из пользователей написал на форуме:

> Похоже, что конфликт принял неприятный оборот, и некоторые из наиболее экстремальных сторонников Core начали прямые DDoS-атаки на узлы XT... Если посмотреть на недавний спад на XTNodes.com, кажется, что это началось в последние 24 часа, и один из моих узлов пострадал три раза за этот период, на выделенном IP, с которого работает только узел Bitcoin и больше ничего...
>
> Неужели некоторые люди думают, что именно так они

собираются «разрешить» ситуацию? Если так пойдет и дальше, я легко могу увидеть, как люди объявят сезон охоты на не-XT узлы, и тогда у нас начнется война, которая никому не нужна.[10]

В последующие недели форумы стали наполняться подобными историями. Один из пользователей утверждал, что в результате одной из таких атак весь его небольшой город был выведен из строя:

Меня атаковали. Это была массивная DDoS-атака, которая вывела из строя всего моего провайдера в сельской местности. Все жители пяти городов лишились своего интернет-сервиса на несколько часов... из-за этих преступников. Это определенно отбило у меня желание размещать узлы.[11]

Майк Хирн присоединился к некоторым темам. В одном из сообщений он добавил:

Атакующие говорили пулам прекратить добычу блоков для голосования BIP 101, если они хотят, чтобы атаки прекратились. Совершенно очевидно, что это русские считают, что все должны использовать Core, несмотря ни на что.[12]

Конкуренция запрещена

Разработчики Core были не в восторге от идеи позволить майнерам решать, какой должна быть основная программная реализация. Как и в случае с ограничением размера блоков, они утверждали, что это повредит децентрализации Биткойна. Хирн отметил, что без такого механизма очевидной угрозой децентрализации станет монополия Core на протокол:

Сейчас больше всего децентрализации Биткойна мешают Blockstream и Владимир, которые говорят людям, что использование цепочки блоков в качестве механизма голосования (как это делалось в прошлом) безрассудно, это уничтожит ценность Биткойна. Логическим следствием этого аргумента является то, что только разработчики Bitcoin Core, и действительно только Владимир, могут изменять большие куски протокола Биткойна. И, таким образом, они фактически являются «генеральными директорами Биткойна». Что является противоположностью децентрализации.

В чем смысл открытого исходного кода, если вы не можете его форкнуть и изменить код, когда оригинальный проект делает что-то не так? Как вообще должна работать децентрализация Биткойна в таком случае?[13]

Модератор r/Bitcoin, пользователь Hardleft121, положительно отреагировал на сообщение Хирна, сказав, что «все должны прочитать это. Такого не должно быть. Майк и Гэвин правы». После этого Theymos уволил модератора Hardleft121.

Брайан Армстронг дал интервью Bitcoin Magazine о позиции Coinbase в отношении BIP101 и Bitcoin XT. Он ответил следующее:

Мы открыты для оценки всех предложений по увеличению размера блока... На мой взгляд, Bitcoin XT — лучший вариант из всех, что я видел на данный момент. Не только потому, что у него есть рабочий код, но и потому, что у него простая реализация, которую легко понять, увеличение размера блока кажется мне правильным, и я уверен в людях, стоящих за проектом.

На данный момент я бы предпочел, чтобы Гэвин стал окончательным исполнителем по Bitcoin XT, а индустрия перешла на это решение с помощью Майка Хирна, Джеффа Гарзика и других желающих...

Мы будем обновляться независимо от того, обновляется ли Bitcoin Core... Я был разочарован тем, как медленно Bitcoin Core продвигается в этом вопросе, и мы открыты к переключению форков.[14]

В день публикации интервью на него была дана ссылка на r/Bitcoin, что очень расстроило Theymos, который сразу же предупредил, что Coinbase может быть наказана и подвергнута цензуре на онлайн-форумах за свой акт неповиновения:

Если Coinbase рекламирует XT клиентам на coinbase.com и/или переводит все свои полные узлы на программное обеспечение BIP 101, то Coinbase больше не использует Биткойн, и ей не место на r/Bitcoin. Это также относится к bitcointalk.org (где Coinbase будет ограничена разделом альткоинов). Bitcoin.it и bitcoin.org придерживаются аналогичной политики. На самом деле, Coinbase уже почти удалили с bitcoin.org из-за ваших прошлых заявлений по этому вопросу.[15]

В декабре 2015 года Coinbase объявила, что запускает Bitcoin XT на своих серверах и поддерживает Bitcoin XT, хотя по-прежнему открыта для других предложений.[16] В ответ владельцы Bitcoin.org немедленно удалили Coinbase со своего сайта — удивительное решение, учитывая, что Coinbase, возможно, привлекла в Биткойн больше людей, чем любая другая компания в мире! Удаление было произведено одним из владельцев Bitcoin.org, другой теневой фигурой, известной под псевдонимом «Cobra», который заявил:

Coinbase теперь запускает Bitcoin XT на своих производственных серверах. XT — это спорная попытка хардфорка, которая приведет к созданию нового альткоина и расколу сообщества и блокчейна, если она когда-нибудь вступит в силу. Если это произойдет, клиенты Coinbase могут обнаружить, что больше не владеют ни одним настоящим Биткойном.

Этот пул-запрос удаляет Coinbase со страницы «Выберите свой кошелек», чтобы защитить новых пользователей от использования неправильной версии блокчейна. Bitcoin. org должен рекламировать только Биткойн. Компании, использующие XT, не соответствуют этому критерию, поскольку они поддерживают форк блокчейна и переход на новую несовместимую валюту без широкого консенсуса.[17]

Это объявление вновь вызвало гнев многих сторонников Биткойна. Разработчик Джеймсон Лопп написал:

Форк — это не производство альткоинов. До тех пор, пока не произойдет форк BIP101, компании, использующие XT, определенно используют Биткойн. Если хардфорк все же произойдет, эти компании могут по-прежнему работать с Биткойном — после нужно будет определить, какой форк победит. Удалять компании как «не работающие с Биткойном», пока форк еще не произошел, — бежать впереди паровоза.[18]

Биткойн-ветеран Оливье Янссенс заявил, что этот шаг был местью за то, что Coinbase «осмелилась выступить против CoreDev».[19] Однако, как и в случае с решением о цензуре, не все отклики были критическими. Один из пользователей поддержал этот шаг, заявив, что он создаст прецедент для того, чтобы компании следовали Core:

Нам определенно нужно заставить Coinbase вернуться на Bitcoin Core. Если мы не предпримем никаких действий, то создадим опасный прецедент, когда другим кошелькам и сервисам будет позволено отделяться от консенсуса.[20]

Есть что-то забавное в использовании термина «консенсус» для описания позиции горстки разработчиков Core в противовес подавляющему большинству участников индустрии. Если в 2015 году и существовал какой-то реальный консенсус, то он заключался в том, что лимит размера блоков необходимо немедленно повысить. Но, несмотря на всеобщий резонанс, Coinbase была успешно удалена с сайта Bitcoin.org и на следующий день подверглась DDoS-атаке.[21]

17

Принуждение
к соглашению

> Меня пугает то, во что превращается Биткойн-сообщество. Любое мнение, которое не совпадает с линией партии, уничтожается.[1]
>
> —Чарли Ли, создатель Litecoin

Bitcoin XT представлял реальную угрозу для сторонников малых блоков. Поэтому они атаковали его, утверждая, что он рискует целостностью всей сети Биткойн. Поскольку разработчики Core не одобрили его, XT был признан «спорным» и, следовательно, слишком рискованным или даже безрассудным, чтобы кто-то мог его поддержать. Тем не менее, этот способ обновления Биткойна был описан самим Сатоши еще в 2010 году. На вопрос одного из участников форума, как увеличить лимит размера блоков, он ответил:

Его можно вводить постепенно, например:

```
if (blocknumber > 115000)
maxblocksize = largerlimit
```

Он может появиться в версиях намного раньше, так что к тому времени, когда он достигнет этого номера блока и отработает, старые версии, в которых его нет, уже будут сильно устаревшими. Когда мы приблизимся к номеру блока отсечения, я могу отправить предупреждение старым версиям, чтобы они знали, что им нужно обновиться.[2]

Метод Сатоши, как обычно, был прост и понятен. Он рекомендовал создать обновление хардфорка, которое увеличит лимит размера блока в заранее определенное время в будущем. Таким образом, у майнеров будет достаточно времени, чтобы обновить свое программное обеспечение. Сатоши не заботился о «консенсусе» — если меньшинство майнеров не обновит свое программное обеспечение, их просто выкинут из сети.

Форк не только ожидался, он подразумевался как неотъемлемая часть управления Биткойном. В разгар споров вокруг XT журнал Wired писал:

Bitcoin XT — это необычайно ясное окно в мир открытого исходного кода, экстремальный пример, демонстрирующий, почему, несмотря на нынешние разногласия или даже благодаря им, эта идея так эффективна, почему она так быстро меняет то, как устроен наш мир. Bitcoin XT раскрывает чрезвычайно социальные — чрезвычайно демократические — основы идеи открытого исходного кода, подход, который делает открытый исходный код гораздо более мощным, чем технологии, контролируемые одним человеком или организацией.[3]

Чарли Ли также прокомментировал элегантность форка как механизма управления:

Как уже говорили другие, форк XT состоится только при [супербольшинстве] голосов майнеров. Если он получит супербольшинство... тогда XT станет Биткойном. Именно так Сатоши задумал систему.[4]

Хотя в теории возможность форка является отличной проверкой власти команд разработчиков, на практике она все еще требует обширной координации между майнерами, индустрией и пользователями. Если переход на новую реализацию слишком рискован, слишком болезнен или слишком противоречив, майнеры могут решить вообще избежать форка, чтобы избежать споров и нападок, что в итоге и произошло с Bitcoin XT.

Несмотря на открытую поддержку более крупных блоков, и в частности BIP101, некоторые майнеры начали осторожничать из-за споров, разгоревшихся со сторонниками Core. В интервью CoinTelegraph AntPool — майнинг-пул, на долю которого в то время приходилось около 20% хэшрейта, — заявил:

Нам нравится идея увеличения максимального размера блока, но если Bitcoin XT будет слишком спорным, мы также не хотим, чтобы сообщество разделилось.[5]

Директор по инженерным вопросам BTCChina написал:

Мы считаем, что предложение Гэвина — это хорошо сбалансированное решение, которое мы все можем поддержать. Первоначальное увеличение размера блока на 8 мегабайт также было согласовано всеми операторами майнинга в Китае. BTCChina Pool, к сожалению, не будет работать с Bitcoin XT из-за его экспериментального характера, но мы с нетерпением ждем, когда этот патч будет включен в Bitcoin Core.[6]

Нетрудно понять, почему майнеры предпочли бы самый простой вариант — чтобы Core одумался и повысил лимит размера блоков. Вся индустрия хотела того же, поэтому до создания Bitcoin XT прошли годы. Однако со временем стало ясно, что Core не изменит своего решения, и верить в обратное было просто желанием. Нужно было принимать более решительные меры.

Bitcoin Core нашел еще один способ, чтобы сбить с толку и затянуть процесс, организовав серию конференций «Scaling Bitcoin», на которых пытались убедить майнеров продолжать использовать программное обеспечение Core. На этих конференциях они согласились с тем, что лимит размера блоков должен быть увеличен, но только до 2 МБ вместо 8 МБ. Майнеров призывали продолжать доверять Core и немного подождать более существенных обновлений. В августе 2015 года генеральный директор Blockstream Адам Бэк написал: «Мое предложение — 2 МБ сейчас, затем 4 МБ через 2 года и 8 МБ через 4 года, затем повторная оценка».[7] А позже, в декабре того же года, добавил: «Разработчики и майнеры единодушны в том, что 2 МБ — это следующий шаг».[8]

Ограничение размера блока в 2 МБ могло быть лишь четвертью того, что хотели майнеры, но это все равно удвоило бы пропускную способность Биткойна, позволив выиграть немного больше времени до того, как блоки станут полными и плата за них подскочит. В течение последующих лет компромисс по 2 МБ был согласован несколько раз, и каждый раз Core нарушала данные обещания.

Хотя желание избежать спорных форков вполне понятно, дизайн Сатоши требует, чтобы майнеры заявляли о себе, особенно когда сталкиваются с захватом разработки. Это механизм уравновешивания власти в Биткойне, но в конечном итоге он зависит от человеческого выбора и не может быть обеспечен самим программным обеспечением. Поэтому, когда XT потерпел неудачу, Майк Хирн счел это демонстрацией того, что Биткойн не может преодолеть человеческие, социальные и психологические барьеры, ограничивающие его собственный успех. Позже он напишет:

> Что касается непосредственно майнеров, то я позвонил некоторым из них по Skype... Один или два наотрез отказались со мной разговаривать. Один майнер сказал, что поддерживает меня, но не может продемонстрировать это, чтобы не навредить цене. Другой разговор проходил следующим образом:
>
> **Майнер:** «Мы согласны с тем, что размер блока должен быть увеличен, и согласны с тем, что Core не собирается этого делать».
>
> **Я:** «Отлично! Когда вы запустите XT?»
>
> **Майнер:** «Мы не собираемся запускать XT».
>
> **Я:** «Э, но вы только что сказали, что согласны с нашей политикой и не думаете, что Core образумится».
>
> **Майнер:** «Да, мы согласны, что вы правы, но мы никогда не будем запускать ничего, кроме Core. Сделать это — значит выйти из консенсуса... Мы не можем запустить XT, это было бы безумием. Мы будем ждать, пока Core не передумает».
>
> Именно тогда я решил, что все это пустая трата времени. Подавляющее большинство хэшмощностей контролировалось людьми, психологически неспособными к неповиновению мнимому авторитету.[9]

«Завершение эксперимента с Биткойном»

На фоне бушующих страстей, цензуры, DDoS-атак и угроз судебных исков количество майнеров, работающих с Bitcoin XT, резко сократилось. И как только стало ясно, что порог в 75% майнеров не будет достигнут, Майк Хирн решил, что с него хватит. Если Биткойн не сможет преодолеть централизованную власть Core и увеличить свой крошечный лимит размера блока больше 1 МБ, то, по его мнению, Биткойн потерпел неудачу.

14 января 2016 года Хирн написал последнее из своих замечательных эссе, озаглавленное «Завершение эксперимента с Биткойном».[10] В нем он объяснил, почему считает Биткойн неудавшимся проектом:

> Он не удался, потому что сообщество не справилось. То, что задумывалось как новая, децентрализованная форма денег, в которой отсутствуют «системно значимые институты» и которая «слишком велика, чтобы пропасть», превратилось в нечто еще худшее: систему, полностью контролируемую горсткой людей... Больше нет причин считать, что Биткойн может быть лучше существующей финансовой системы.
>
> Подумайте, если вы никогда раньше не слышали о Биткойне, будет ли вас интересовать сеть платежей, которая:
>
> - Не может делать переводы ваших денег
> - Имеет чрезвычайно непредсказуемые тарифы, которые были высокими и снова растут
> - Позволяет покупателям забирать свои платежи, которые они только совершили, простым нажатием кнопки (если вы не знаете об этой «функции», то это потому, что Биткойн только недавно был обновлен, чтобы добавить ее)
> - Страдает от больших задержек платежей
> - Контролируется Китаем
> - И в которой компании и люди, строившие его, находились в состоянии открытой гражданской войны?
>
> Рискну предположить, что ответ будет отрицательным.

Затем Хирн объяснил ситуацию с ограничением размера блоков и возложил вину за бездействие на китайских майнеров — ведь в конце концов у майнеров действительно была возможность выйти из-под контроля Core:

Почему они не позволяют [блокчейну] развиваться?

Причин несколько. Одна из них заключается в том, что разработчики программного обеспечения «Bitcoin Core», на котором они работают, отказались внести необходимые изменения. Другая причина заключается в том, что майнеры отказываются переходить на любой конкурирующий продукт, поскольку воспринимают это как «нелояльность», и они боятся делать что-либо, что может стать поводом для «раскола» и вызвать панику инвесторов. Поэтому они предпочитают игнорировать проблему и надеяться, что она исчезнет.

Затем Хирн указывает на еще один потенциальный конфликт интересов. Если Великий китайский файервол действительно сделает большие блоки недоступными для китайских майнеров, это даст им «финансовый стимул попытаться остановить рост популярности Биткойна». Вместо того чтобы у майнеров был стимул обрабатывать больше транзакций, чтобы заработать комиссию за транзакции, слабое интернет-соединение сделает ограниченную пропускную способность транзакций и высокие комиссии более выгодными — желательный результат с точки зрения разработчиков Core!

В данной статье он осуждает рост цензуры и пропаганды в сети, DDoS-атаки на узлы XT, а также «псевдоконференции», призванные затормозить прогресс и убедить людей продолжать доверять Core. В частности, комментируя конференции «Scaling Bitcoin», он написал:

К сожалению, эта тактика оказалась разрушительно эффективной. Сообщество полностью поддалось на нее. В разговорах с майнерами и стартапами одной из наиболее часто упоминаемых причин отказа от запуска XT было «мы ждем, когда Core поднимет лимит в декабре». Они были напуганы любыми историями в СМИ о расколе сообщества, которые могли бы повредить цене Биткойна и, соответственно, их доходам.

Теперь, когда последняя конференция прошла, а лимит повышать не планируется, некоторые компании (например, Coinbase и BTCC) осознали, что их обманули. Но слишком поздно.

Хирн делает пессимистичный вывод, говоря, что централизация майнинга в Китае останется проблемой даже при другой команде разработчиков:

Даже если на смену Bitcoin Core придет новая команда, проблема концентрации майнинговых мощностей за Великим файрволом останется. У Биткойна нет будущего, пока его контролируют менее 10 человек. И решения этой проблемы не видно: ни у кого даже нет предложений. Для сообщества, которое всегда беспокоилось о том, чтобы блокчейн не был захвачен деспотичным правительством, это отличная ирония.

Высказав свои сожаления, он заканчивает на более оптимистичной ноте:

За последние несколько недель все больше членов сообщества начали двигаться там, где я остановился. Если раньше создание альтернативы Core считалось отступничеством, то теперь внимание привлекают еще два форка (Bitcoin Classic и Bitcoin Unlimited). Пока что они сталкиваются с теми же проблемами, что и XT, но, возможно, новые люди смогут добиться успеха.

Если оценивать последнее эссе Хирна с точки зрения инвестиций, то он был явно неправ. С момента публикации его эссе цена BTC выросла более чем в 100 раз. Но его аргументы актуальны, если оценивать BTC по его полезности. Технология по-прежнему ограничена на возмутительно малом уровне пропускной способности транзакций. В разработке по-прежнему доминирует одна группа, которая явно отвергает первоначальное видение Сатоши. Кастодиальные кошельки стали широко распространены, что позволяет правительствам легко следить и контролировать монеты обычных пользователей. Если оценивать BTC по его использованию в качестве альтернативной валюты для обычных людей, то его можно назвать только неудачным. Лучшее, что мы можем сказать, — это то, что он принес ранним инвесторам невероятные суммы денег и послужил толчком к созданию криптовалютной индустрии, которая, возможно, когда-нибудь станет надежными цифровыми деньгами для широких масс.

Разрушение нарратива

Хотя Майк Хирн потерял терпение и ушел из проекта, битва за Биткойн была далека от завершения. Перед всей индустрией по-прежнему стояла экзистенциальная проблема: будет ли она вообще существовать, если блоки переполнятся? Бутерин жаловался на комиссию, когда она составляла пять центов, а как бы отреагировали обычные пользователи, если бы комиссия за транзакцию составляла десять, двадцать или пятьдесят долларов? Такая неопределенность была неприемлема, и большинство компаний понимали, что должны продолжать настаивать на увеличении размера блоков. Индустрия должна была лучше координировать свои действия и предупредить широкую общественность о поглощении, происходящем в Биткойне. Необходимо было вести информационную и пропагандистскую борьбу.

За это время сторонники первоначального видения написали еще несколько отличных статей. Джефф Гарзик и Гэвин Андресен написали еще одно знаменитое эссе под названием «Биткойн подстраивается под расчеты». Они предупреждали, что Биткойн превращается в иную систему вследствие искусственного ограничения размера блоков:

> Застревание на размере блока в 1 МБ превращает историческое ограничение DoS в случайный инструмент политики... Мы имеем удручающую ситуацию, когда небольшая часть разработчиков не разделяет громкое желание большинства увеличить размер блока со стороны пользователей, предприятий, бирж и майнеров. Это меняет структуру Биткойна в сторону философского и экономического конфликта интересов...
>
> Бездействие меняет Биткойн и ставит его на новый путь... Застревание на 1 МБ рискует обратить вспять сетевой эффект Биткойна, вытеснив пользователей из основного блокчейна и заставив их перейти на централизованные платформы...
>
> Чтобы устранить долгосрочный моральный риск, ограничение размера основного блока должно быть динамическим, переданным в сферу программного обеспечения, вне доступа человека. Биткойн заслуживает плана развития, который в равной мере удовлетворяет потребности всех, кто упорно работал последние шесть лет над развитием всей экосистемы.

Гарзик и Андресен также прокомментировали конференции Scaling Bitcoin, заявив, что они не достигли заявленных целей и были полезны только для того, чтобы определить, что ограничение в 2 МБ достаточно мало для достижения всеобщего согласия:

Одной из явных целей семинаров Scaling Bitcoin было направить хаотичные дебаты о размере блока ядра в русло упорядоченного процесса принятия решений. Этого не произошло. Оглядываясь назад, можно сказать, что Scaling Bitcoin затормозил принятие решения о размере блока, в то время как цена транзакционной комиссии и давление на блоки продолжают расти.

Scaling Bitcoin было полезно для изучения консенсуса относительно размера основного блока. Оказалось, что 2 МБ — это наиболее распространенный знаменатель консенсуса.[11]

Стивен Пэйр также вступил в борьбу, написав от имени BitPay, крупнейшего в мире платежного процессора Биткойн, который в течение одного года мог обработать транзакций на сумму более миллиарда долларов в BTC.[12] В серии статей Пэйр писал об ограничении размера блоков, анализе BitPay динамики власти в сети и своем полном неприятии идеи, что проект Сатоши был сломан и нуждался в пересмотре со стороны разработчиков Core:

> Некоторые люди считают, что Биткойн лучше всего подходит в качестве расчетной, а не платежной системы. Это мнение основано на том, что невозможно создать по-настоящему децентрализованную, не требующую доверия платежную систему, которая бы справлялась с ежедневными платежами для всего населения нашей планеты. Они считают, что идея Сатоши о том, что Биткойн, как версия электронных денег без посредников, недостижима.
>
> Это чепуха. Идея достижима.

Затем он объяснил, что ценностное предложение Биткойна заключается в том, что сначала он станет платежной системой, а лишь затем, в будущем, — системой расчетов:

История показывает, что расчетные системы должны для начала стать широко распространенными платежными системами... Биткойн станет прекрасной расчетной системой, если сначала он будет хорошо работать как платежная система. Биткойн должен быть ограничен только фактическими ограничениями на обработку данных, а не произвольно выбранными лимитами.[13]

Пэйр также обратился к мнению о том, что майнеры каким-то образом угрожают безопасности системы и их нужно лишить власти. В статье под названием «Майнеры контролируют Биткойн... и это хорошо» он защищает дизайн Сатоши и объясняет, как он обеспечивает децентрализацию Биткойна:

Несколько недель назад у меня состоялся разговор с человеком, который высказал мнение, что часть контроля должна быть изъята из рук майнеров. Мне это показалось интересным. Возникает вопрос: если вы забираете часть власти из рук майнеров, кому вы отдаете эту власть?

Должен ли один человек владеть торговой маркой Bitcoin? Должен ли он иметь право устанавливать официальные правила консенсуса Bitcoin™? Возможно, майнеры должны подписывать свои блоки таким образом, чтобы только те, кто прошел сертификацию на соблюдение официальных правил консенсуса Bitcoin™, защищенных торговой маркой, могли создавать блоки. Если довести эту мысль до логического конца, то в итоге получится централизованно управляемая система, в которой майнинг вообще не нужен.

Затем он объяснил, в чем сила системы стимулов Биткойна, как она удерживает майнеров от неправильного поведения и почему майнеры являются наиболее важной частью безопасности сети:

По отдельности майнеры контролируют очень мало, но коллективно они контролируют все в Биткойне. Это важное и фундаментальное свойство Биткойна... Один майнер в одиночку, работая по другому набору правил, создавал бы блоки, которые отклонялись бы другими майнерами. Так они не получат никакого вознаграждения за свои усилия. Поэтому, хотя майнеры и конкурируют друг с другом за наиболее эффективную добычу блоков, им также необходимо сотрудничать...

Биткойн передает всю власть над работой сети в руки майнеров, и каждый может стать майнером. Именно эти коллективные, скоординированные действия делают Биткойн мощной, новой и революционной системой. Подорвать власть майнеров над Биткойном — значит подорвать все, что представляет собой Биткойн.

Несмотря на то, что Сатоши наделил майнеров властью, Пэйр признает, что эта власть может быть передана, если майнеры откажутся принимать решения или просто не осознают, что вообще обладают такой властью:

Майнеры могут делегировать свои полномочия. Они могут позволить майнинговому пулу производить блоки, которые они добывают, тем самым позволяя пулу обеспечивать соблюдение правил консенсуса или цензурировать транзакции по своему желанию. Майнеры также могут позволить другим влиять или контролировать программное обеспечение, которое они запускают, и правила, которые это программное обеспечение соблюдает. Единственная причина, по которой разработчики, майнинговые пулы или любые другие участники, не являющиеся майнерами, имеют право голоса в вопросе о правилах консенсуса, заключается в том, что майнеры решили (сознательно или по неосторожности) делегировать свои полномочия.[14]

В 2016 году точка зрения Пэйра была общепринятой, но сегодня она практически не встречается. Если новички пытаются узнать об устройстве Биткойна, они, скорее всего, наткнутся на страницу Bitcoin Wiki, которая посвящена именно этой теме и называется «Биткойн не управляется майнерами». Читателям рассказывают, что правила Биткойна устанавливают и контролируют полные узлы, а не майнеры. Согласно статье, возможность узлов не обновлять свое программное обеспечение сдерживает майнеров:

> Если майнеры создают блоки, которые нарушают правила консенсуса, то для всех, кто работает с полным узлом, это будет выглядеть так, как будто этих блоков никогда не существовало; эти блоки не создают новые монеты — Биткойны и не подтверждают транзакции. Поскольку большая часть экономики так или иначе полагается на полные узлы для подтверждения транзакций, это не позволяет майнерам, создающим недействительные блоки, нарушать правила с какими-либо реальными последствиями, даже если это делают 100% майнеров...[15]

Как объясняется в главе 6, если большинство майнеров решит изменить программное обеспечение, а некоторые узлы будут работать с несовместимым программным обеспечением, то такие узлы просто будут выведены из сети. Полноценные узлы сами по себе не имеют возможности генерировать блоки, а значит, не имеют возможности самостоятельно обрабатывать транзакции. Сеть может прекрасно работать без этих узлов, но без майнеров она просто остановится. Абсурдно представлять, что Биткойн был создан для того, чтобы любители, запускающие узлы в своем подвале, могли помешать 100% майнеров, которые тратят сотни миллионов долларов на инфраструктуру, обновлять свое программное обеспечение. Однако в статье настаивают, что сеть требует от большинства участников запускать собственные узлы, иначе вся система становится небезопасной:

> Если малая часть экономики работает на независимых полноценных узлах, значит, Биткойном кто-то управляет. Если большая часть экономики использует легкие узлы в стиле SPV... тогда Биткойн управляется майнерами и поэтому небезопасен.

Изложив противоположную Сатоши философию, статья завершается очередным абсурдом:

> В результате всего этого не существует «управления Биткойном»; Биткойн не управляется. Ни один человек или группа не могут навязать свои взгляды другим, и даже такие вещи, как определение Биткойна, могут быть субъективными... Достижение такого неуправления было одним из основных мотивов создания Биткойна, оно продолжает оставаться одним из его самых больших преимуществ перед традиционными системами, и как сама система, так и сообщество Биткойна будут энергично сопротивляться любым попыткам ослабить эту особенность Биткойна.[16]

Никто, кто понимает историю и устройство сети Биткойн, не может сказать, что она существует без управления. Термин «неуправляемость», как и «цифровое золото», — не более чем броский слоган, который вводит людей в заблуждение относительно истинного устройства Биткойна. Читатели не должны удивляться, узнав, что эта статья на Bitcoin Wiki, которая претендует на то, чтобы говорить от имени Биткойн-сообщества, была написана тем же человеком, который контролирует все основные дискуссионные платформы: самим Theymos.

18

Из Гонконга в Нью-Йорк

> Тот факт, что Bitcoin Core позволил сети дойти до такого состояния, — невероятная халатность и, на мой взгляд, многое говорит об их мотивах и компетентности команды.[1]
>
> —Брайан Армстронг, генеральный директор Coinbase

В начале 2016 года более 90% хешрейта сети высказались за увеличение лимита размера блоков как минимум до 2 МБ.[2] Хотя Bitcoin XT не был выбран в качестве реализации, обеспечивающей это увеличение, на его место быстро пришел другой. Bitcoin Classic, возглавляемый Гэвином Андресеном и Джеффом Гарзиком, сразу же завоевал популярность как консервативная альтернатива Bitcoin Core, увеличив лимит только до 2 МБ. Как и XT, Classic увеличивал лимит размера блока только после достижения порога в 75% хэшрейта. Всего через несколько дней после создания сайта Classic, 50% хэшрейта заявили о своей поддержке новой реализации.[3] Wall Street Journal быстро обратил на это внимание:

> Еще одна реализация, названная Bitcoin Classic, появилась из пепла дебатов XT/Core. Это версия Биткойна, которая допускает ограничение 2 МБ, а со временем его можно будет увеличить. Похоже, она быстро завоевывает поддержку.[4]

Несмотря на мгновенную популярность, не все были готовы отказаться от Core. Майнинговый пул BTCC в самом начале скептически отнесся к Classic, хотя и поддержал увеличение лимита размера блоков. Они предпочли избежать споров, попросив Core просто увеличить лимит самостоятельно:

> Мы поддерживаем увеличение на 2 МБ, но мы не будем подписываться под поддержкой Bitcoin Classic... Если люди тяготеют к чему-то, это не значит, что вы автоматически прыгаете на борт без серьезного анализа... Идеальная ситуация для нас — это увеличение на 2 МБ в Core, а затем [SegWit].[5]

Слово «SegWit» означает «Segregated Witness» и будет объяснено позже. Стратегия ожидания, когда Core увеличит размер блоков, была не самой удачной. Эрик Вурхиз, создатель чрезвычайно популярной игры Satoshi Dice и биржи ShapeShift, прокомментировал позицию BTCC, призвав их поддержать Classic — хотя бы для того, чтобы вынудить Core пойти на компромисс:

> Единственное условие, при котором Core перейдет на 2 МБ, — это если они почувствуют скорый хардфорк в сторону Classic (или чего-то еще). Если вы хотите, чтобы Core добавила 2 МБ, подписывайтесь на Classic — это, вероятно, самый эффективный путь.[6]

К концу февраля 2016 года стало казаться, что давление начинает действовать. В Гонконге была организована экстренная конференция с участием нескольких крупных майнеров, компаний и ключевых разработчиков Core.

Гонконгское соглашение

Цели индустрии были ясны: найти способ масштабировать Биткойн, чтобы предотвратить надвигающийся сбой сети, и сделать это без раскола сообщества на части. Цели разработчиков Core были иными. Прежде всего, им нужно было защитить свои рабочие места, поскольку они находились под угрозой увольнения и замены на Bitcoin Classic. Поэтому они пообещали небольшое увеличение размера блока в обмен на то, что майнеры обязуются использовать только программное обеспечение Core. 20 февраля было достигнуто соглашение, которое теперь называется «Гонконгским соглашением» или «HKA».[7] Двумя ключевыми компонентами HKA были:

1) Обновление хардфорк для увеличения размера блока до 2 МБ.
2) Обновление софтфорк для включения SegWit.

Обязательство майнеров гласило: «В обозримом будущем мы будем запускать в производство только совместимые с Bitcoin Core системы консенсуса, в конечном итоге содержащие как SegWit, так и хардфорк». В соглашении также были указаны сроки. SegWit будет выпущен в апреле 2016 года, код для хардфорка — в июле, а сам хардфорк будет активирован примерно в июле следующего года. Поскольку Classic предполагал обновление до 2 МБ, а Core обещал то же самое, соглашение делало сохранение Core более приемлемым для майнеров — если бы они могли продержаться еще несколько месяцев, они бы добились 2 МБ без всех этих споров.

В отличие от относительно простого увеличения размера блоков, SegWit — это гораздо более сложное изменение в программном обеспечении, которое меняет способ структурирования транзакций. SegWit немного увеличивает пропускную способность транзакций, но его основная цель — облегчить создание вторых уровней, таких как Lightning Network. SegWit подвергся серьезной критике со стороны таких людей, как доктор Питер Ризун и другие.[8] Критики указывают на потенциальные слабые места в системе безопасности, и все признают, что код содержит серьезный «технический долг» — постоянное увеличение сложности программного обеспечения. Чем сложнее программное обеспечение, тем труднее с ним работать, и тем больше ошибок неизбежно будет создано, а SegWit — это огромный рост сложности. Каждый кошелек в индустрии должен был быть написан так, чтобы безопасно принимать SegWit-транзакции — на это жаловались несколько разных компаний в то время.

Несмотря на критику, у меня никогда не было твердого мнения о достоинствах SegWit. Для меня самая важная часть Биткойна — это быстрые, дешевые, надежные транзакции, которые не могут быть подвергнуты цензуре третьей стороной. Если SegWit может улучшить эти качества, то это хорошая идея. Если он ухудшит эти качества, то это плохая идея. Тем не менее, одного этого недостаточно, чтобы увеличить пропускную способность транзакций на значительную величину. Но учитывая остроту ситуации в 2016 году, это казалось приемлемым компромиссом, чтобы получить увеличение лимита блоков без раскола сети на две части — то есть при условии, что Core выполнит свои обещания.

Хотя НКА не получила единогласной поддержки, она собрала подписи нескольких ключевых игроков, занимающихся майнингом, включая AntPool, Bitmain, BTCC и F2Pool, что составляет значительный процент от общего хешрейта. Подписались и несколько криптовалютных бирж. Свои подписи добавили пять разработчиков Core, а также генеральный директор Blockstream Адам Бэк. Заметным критиком был Брайан Армстронг, который прилетел из Гонконга с убеждением, что Bitcoin Core необходимо заменить как можно скорее. Вскоре после посещения конференции он написал статью, в которой предупреждал о «системном риске того, что Core является единственной командой, работающей над протоколом», и призывал перейти на Bitcoin Classic:

> Нам нужно поговорить с китайскими майнерами об этом пути обновления. Они были введены в заблуждение, полагая, что только 4-5 человек в мире могут безопасно работать с протоколом Биткойна, тогда как на самом деле именно эта группа представляет наибольший риск для их бизнеса...
>
> Переход на Bitcoin Classic не означает, что мы должны остаться с командой Classic навсегда, просто это лучший вариант для снижения рисков прямо сейчас. Мы можем использовать код любой команды в будущем.

Статья также подтвердила важность наличия нескольких программных реализаций для поддержания здоровья Биткойна и предотвращения захвата разработки:

> Мое общее мнение (которое я озвучил на круглом столе в прошлые выходные) заключается в том, что Биткойн будет гораздо успешнее, если над разработкой протокола будет работать многосторонняя система, а не одна команда с ограничениями, о которых я говорил выше. Я думаю, мы можем это сделать. На самом деле, мы должны это сделать...
>
> В долгосрочной перспективе нам необходимо сформировать новую команду для работы над протоколом Биткойна. Команду, которая будет приветствовать новых разработчиков в сообществе, готова идти на разумные компромиссы и которая поможет протоколу продолжать масштабироваться.[9]

Гонконгское соглашение не отбило у плохих игроков желание атаковать узлы Bitcoin Classic, как они ранее делали это с Bitcoin XT.

Очередной раунд DDoS-атак должен был наказать всех, кто использует альтернативы Core, и онлайн-форумы снова начали заполняться историями об атаках. Blocky.com сообщил:

Нынешняя атака — последнее свидетельство того, что простое разногласие по поводу масштабируемости переросло в хаос и вывело на поверхность криминальные элементы в нашем сообществе. Разногласия возникли после рекомендаций увеличить пропускную способность до 2 МБ в качестве экстренной меры, чтобы ослабить давление транзакций, которые в настоящее время максимальны и переполняют блоки.[10]

Bitcoin.com также подвергся атаке, в результате которой наш провайдер отключил сервер на несколько часов. Наш технический директор Эмиль Ольденбург в то время написал о мотивах атаки:

Цель этой атаки — запугать всех, кто использует Bitcoin Classic. Это тот же способ действий, который мы видели в случае с Bitcoin XT. Это происходит в то время, когда майнеры начали добывать блоки Bitcoin Classic и уже имеют гораздо больше поддержки, чем когда-либо было у XT.

Кто-то или несколько человек покупают DDoS-атаки на Classic в попытке остановить рост узлов и блоков Classic. Некоторые разработчики Core и Адам Бэк заявили, что «Биткойн — это не демократия», хотя это описание верно для текущей модели управления; с цензурой, убийствами персонажей, нападками на всех, кто не согласен с линией партии и саботажем против свободного выбора, текущий стиль управления больше похож на Северную Корею.[11]

Журнал CoinTelegraph рассказал о том, что китайский майнинг-пул F2Pool, на долю которого приходится более четверти общего хешрейта Биткойна, подвергся атаке сразу после того, как разрешил своим майнерам запустить Classic:

> Атака на пул для майнинга Биткойна F2Pool началась почти сразу после того, как команда F2Pool объявила о своем решении «протестировать» Bitcoin Classic, запустив субпул, в котором майнеры смогут добывать блоки Bitcoin Classic.[12]

И снова атаки оказались на редкость эффективными. Биткойн Classic достиг наивысшего уровня поддержки примерно в середине марта 2016 года, после чего быстро пошел на спад.

Bitcoin Classic Nodes

Jan 17, 2016 – Dec 31, 2016

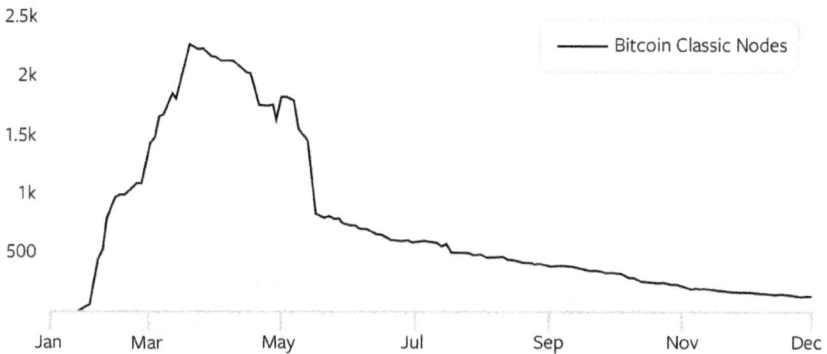

Рисунок 6: Количество активных узлов Bitcoin Classic[13]

Нетрудно понять, почему. Запуск Bitcoin Classic вызывал споры и был чреват разделением сети на двое, а также был открытым приглашением к DDoS-атакам. Кроме того, Classic обновился только до блоков размером 2 МБ, которые уже были обещаны Core на HKA. Поэтому для большого числа майнеров доверие к Core казалось более безопасным вариантом. К сожалению, их доверие оказалось неуместным, а критика со стороны Брайана Армстронга оказалась весьма своевременной. Разработчики Core пропустили сроки обновления SegWit и увеличения размера блоков. Они не соблюдали НКА, а блоки становились все больше.

Ужесточение контроля за информацией

Тем временем война за контролем о том, что говорится о Биткойне, шла полным ходом. Усиленная цензура была не самой экстремальной тактикой. Владельцы ключевых информационных сайтов стали действовать еще более нагло. В июле 2016 года владельцу Bitcoin. org «Cobra» пришла в голову идея: возможно, новичкам можно помешать узнать о первоначальном дизайне Биткойна, *изменив саму научную работу*:

> Я заметил, что научная работа о Биткойне... набирает много трафика... Почти все люди, читающие эту статью, вероятно, читают ее впервые и используют ее в качестве учебного ресурса. Однако, поскольку статья настолько устарела, я считаю, что она уже не очень хорошо выполняет задачу — дать людям четкое понимание Биткойна...
>
> Мне кажется, что Биткойн, описанный в научной работе, и Биткойн, описанный на сайте bitcoin.org, начинают отличаться. В какой-то момент, я думаю, научная работа начнёт приносить больше вреда, чем пользы, потому что она обманывает людей, заставляя их верить, что они понимают Биткойн.

Затем Cobra делает неоднозначное заявление о том, что этот документ не предназначен для объяснения первоначального замысла Сатоши, а скорее для объяснения того, как работает нынешнее программное обеспечение Bitcoin Core:

> Я видел, как люди продвигают токсичные и безумные идеи, а затем цитируют части этой статьи в попытке оправдать их. Академики также регулярно цитируют эту статью и основывают некоторые свои рассуждения и аргументы на этой устаревшей статье...
>
> Я считаю, что документ всегда задумывался как высокоуровневый обзор текущей образцовой реализации, и что нам следует обновить его сейчас, когда документ устарел, а образцовая реализация значительно изменилась по сравнению с 2009 годом.[14]

По логике Cobra, даже если бы разработчики Core полностью изменили код так, что он потерял бы всякое сходство с оригинальным Биткойном, то и научная работа должна быть обновлена, чтобы отразить эти изменения. Theymos немедленно прокомментировал эту тему, согласившись с тем, что научная работа вводит людей в заблуждение:

> Интересное предложение. Документ определенно устарел, и я часто вижу людей, которые говорят: «Просто прочитайте научную работу!», как будто этот документ всё ещё является хорошим способом узнать о Биткойне...[15]

К счастью, это предложение встретило достаточное сопротивление, чтобы заблокировать изменения, хотя это не помешает им повторить попытку в будущем. Позже Theymos выдвинул еще одно возмутительное предложение — обязать компании давать присягу верности теории малых блоков для того, чтобы их продукция была размещена на сайте Bitcoin.org:

> Несколько компаний утверждают, что майнеры контролируют Биткойн. Это убеждение — одна из самых опасных угроз для Биткойна... Я подумал, что bitcoin.org должен как-то противодействовать этому в большей степени. Например, может быть, bitcoin.org может обязать кошельки и сервисы подписывать очень простое обязательство, признающее, что Биткойн не управляется майнерами, для того, чтобы ссылки на их сервисы разместили на Bitcoin.org.[16]

Cobra повторно выступил с критикой научной работы и призвал пересмотреть её или вовсе заменить:

> Причина этих опасных убеждений — академическая работа. Нам нужно серьёзно переписать ее или выпустить совершенно новую и назвать ее научной работой о Биткойне.[17]

Эти цитаты шокируют своей наглостью. Два неизвестных человека, которые контролируют самые известные сайты о Биткойне, стремятся подвергнуть цензуре, пропаганде и даже переписать историю, чтобы продвинуть свою версию. Обычный пользователь даже не подозревает о существовании Theymos и Cobra, не говоря уже об истории того, как они продвигали версию Биткойна, диаметрально противоположную первоначальной, как и известные инвесторы, с которыми я общался в частном порядке, потому что для этого требуется значительное независимое исследование или длительное присутствие в индустрии.

BU, NYA, S2X и другие аббревиатуры

2016 год наступил и прошёл без SegWit и увеличения размера блоков, а следующий год стал самым сумасшедшим в истории Биткойна. В январе 2017 года блоки регулярно заполнялись на 90% и более, время от времени превышая лимит в 1 МБ, а к марту средняя комиссия за транзакцию перевалила за 1 доллар — рост более чем на 1000% менее чем за год. Один из первых предпринимателей в индустрии Биткойна Чарли Шрем написал:

> Если мы не внедрим более крупные блоки как можно скорее, PayPal будет дешевле, чем #bitcoin. Я уже плачу несколько долларов за перевод. Хватит мешать росту.[18]

Следующая альтернативная реализация начала набирать обороты. Команда Bitcoin Unlimited (BU) хотела заменить жёстко выставленный лимит размера блоков на нечто, что они назвали «аварийным консенсусом». Основная идея заключалась в том, чтобы позволить майнерам и узлам самим устанавливать лимит, не требуя ничьего одобрения. Экономические стимулы, по их мнению, были достаточно сильны, чтобы сеть оставалась скоординированной и функциональной. Я согласился с их анализом.

Несмотря на то что в начале 2017 года BU набирал обороты, его ненавидели все те же персонажи и подвергали атакам. На Reddit несколько анонимных пользователей поделились своими намерениями использовать любые найденные ими ошибки для нанесения максимального вреда.[19] Им это удалось, и в середине марта более половины узлов Bitcoin Unlimited были успешно выведены из строя в результате скоординированной атаки. Сама по себе ошибка не нанесла большого ущерба, но она подпортила репутацию разработчиков BU в критический момент. В статье Bloomberg, посвящённой атакам, говорилось следующее:

> Несмотря на то, что уязвимость была быстро исправлена, она подтверждает мнение критиков, которые утверждают, что программистам Unlimited не хватает опыта для решения сложной проблемы перегруженности Биткойна. В послед-

ние недели Unlimited заручилась поддержкой влиятельных майнеров, поскольку некоторые из них решили отказаться от достижения консенсуса сообщества после более чем двух лет обсуждений. Эта ошибка вызывает неуверенность в том, что майнеры не откажутся от своей поддержки.[20]

Во время этой ситуации рыночная доля BTC также начала сокращаться. В начале года доля BTC составляла около 87% от общей рыночной стоимости всех криптовалют. К маю она упала ниже 50%. Биткойн-индустрия наконец-то начала ощущать последствия многолетнего промедления с масштабированием. Поэтому была организована ещё одна конференция, на этот раз в Нью-Йорке. На неё были приглашены крупнейшие экономические игроки, а также ключевые разработчики Core.

Консервативное соглашение, напоминающее ранее НКА, было быстро достигнуто. SegWit будет активирован с порогом в 80% со стороны майнеров, а увеличение размера блока на 2 МБ произойдёт в течение шести месяцев. Это соглашение стало известно как Нью-Йоркское соглашение, или «NYA». Известно, что все разработчики Core отказались явиться на конференцию, поэтому участники индустрии договаривались между собой. Моя компания Bitcoin.com подписала NYA, хотя я лично не смог присутствовать на конференции. Если бы я был там, я бы возразил против одной вопиющей проблемы в этом плане: увеличение размера блоков должно было произойти после активации SegWit. Что, если после принятия SegWit будет организована ещё одна атака на все альтернативы Core? Стали бы майнеры, наконец, придерживаться альтернативной реализации? Это была большая авантюра, которая обернулась серьёзным провалом.

Нью-Йоркское соглашение подписали 58 компаний из 22 стран, обеспечивающие 83% хэш-мощностей, обрабатывающие более 5 миллиардов долларов ежемесячного объёма транзакций в сети и более 20 миллионов Биткойн-кошельков.[21] Поддержка была настолько универсальной, что её поддержали даже известные критики Core и SegWit. Например, майнинг-пул ViaBTC за месяц до этого написал критическую статью, в которой объяснил, почему он не поддерживает SegWit в качестве решения для масштабирования:

> Пропускная способность сети сейчас является наиболее актуальной проблемой для Биткойна... SegWit, который является мягким форком для решения проблемы гибкости, не может решить проблему пропускной способности... Даже если SegWit после активации может немного увеличить размер блока с новыми форматами транзакций, это всё равно мало связано с потребностью в развитии сети Биткойна.
>
> Сети второго уровня, такие как Lightning Network (которая опирается на SegWit), не могут рассматриваться в качестве решения для масштабирования. Транзакции LN — это НЕ одно и тоже, что и транзакции без посредников на цепочке Биткойн, и большинство сценариев использования Биткойна несовместимы с Lightning Network. LN также приведёт к появлению крупных платёжных центров, а это противоречит первоначальному замыслу Биткойна как платёжной системы без посредников. LN может быть хорошим методом для частых и небольших Bitcoin транзакций в определённых случаях. Однако полагаться на него как на средство масштабирования Биткойна мы не можем.

Далее в статье говорилось о том, как SegWit укрепит доминирование Core над протоколом Биткойна:

> Будучи эталонной реализацией Биткойна, Bitcoin Core оказал значительное влияние на сообщество. Однако их влияние уже давно дискредитировано их действиями. Зло-

употребляя своим прежним влиянием, они препятствовали увеличению размера блока Биткойна вопреки воле сообщества. Команда Core в некоторых случаях открыто поддерживала цензуру основных форумов Биткойна, а также запрет на участие в них многих известных разработчиков, компаний и членов сообщества, чьи мнения расходились с текущими планами Core. Сегодня Биткойн остро нуждается в диверсифицированных командах разработчиков и внедрении для достижения децентрализации в развитии Биткойна.

Если SegWit будет принят, у Биткойна не останется другого выбора, кроме как продолжить работу по текущим планам Core в ближайшие годы, что ещё больше усилит влияние некомпетентной команды разработчиков на Биткойн-сообщество и исключит возможность многостороннего роста Биткойна.[22]

Однако, несмотря на резкую критику, они всё же подписались под NYA, чтобы попытаться сохранить сообщество вокруг одной монеты и сохранить с таким трудом достигнутый сетевой эффект. К июню 2017 года комиссия за транзакции продолжала стремительно расти и превысила 5 долларов в среднем — теперь она выросла более чем на 5000% по сравнению с предыдущим годом.

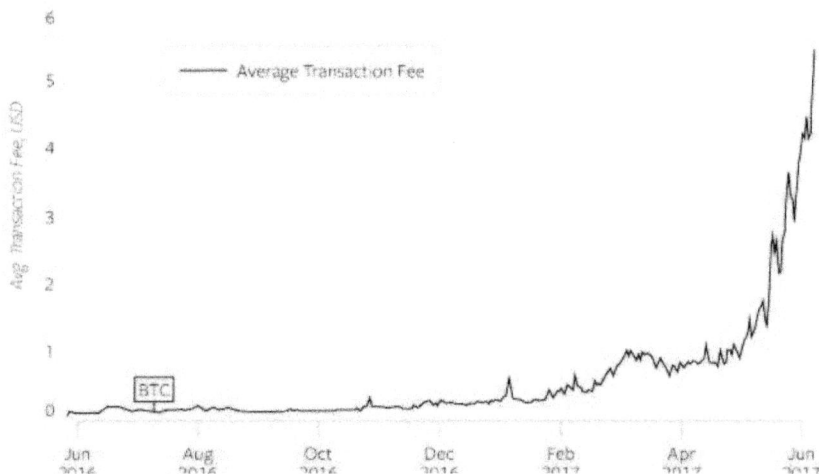

*Рисунок 7. Средняя комиссия за транзакцию BTC
в июне 2016 — июне 2017 гг.*

Относительная рыночная стоимость BTC также достигла нового минимума в 38%, поскольку всё больше людей выбирали альтернативные цепочки, такие как Ethereum, которые предлагали более высокую производительность. Подавляющее большинство представителей индустрии согласились с тем, что повышение производительности Биткойна необходимо, но разработчики Bitcoin Core категорически не хотели увеличивать лимит размера блоков. Поэтому другим разработчикам пришлось бы сделать это на другом репозитории. Ведущим разработчиком этого нового проекта был выбран Джефф Гарзик, а код, над которым он работал, получил название «SegWit2x» или «S2X».

И снова Core оказался под угрозой увольнения. Если большинство майнеров, работающих с SegWit2x, создадут блок размером более 1 МБ, майнеры, работающие с Core, будут вытеснены из сети. Что ещё более важно, ключи от кода Биткойна наконец-то будут вырваны из рук Core. Поэтому была развернута очередная кампания по демонизации всех, кто поддерживал SegWit2x, который был просто кодом, отражающим HKA и NYA. Грег Максвелл написал:

> Несколько месяцев назад пара благонамеренных придур-
> ков отправилась в Китай, чтобы обменяться опытом, и
> умудрилась запереть себя в комнате до 3-4 часов утра, пока
> они лично не согласились бы предложить какой-нибудь
> хардфорк после SegWit.[23]

Пользователь форума httpagent прокомментировал враждебность Core по отношению ко всем, кто не входит в их круг:

> Я заметил стратегию «незнания», недавно принятую
> Bitcoin Core — по сути, она заключается в том, что члены
> сообщества утверждают, что все, кто не участвует в разра-
> ботке ядра, наивны и не имеют весомой позиции в обсуж-
> дении будущего Биткойна.[24]

Оставшаяся часть 2017 года закончилась противостоянием между Blockstream/Core и остальными участниками индустрии. Несмотря на то, что сторонники Core годами утверждали, что во имя единства форка следует избегать любой ценой, они продемонстрировали, что на самом деле не стремятся к сотрудничеству. Когда пришло время, они были готовы разделить сообщество и атаковать своих оппонентов любыми способами.

19

Безумные шляпники

К огда Bitcoin Core выпустил код SegWit, для его активации
требовалось 95% хешрейта, что, по сути, давало право вето
5% — меньшинству майнеров. Core сильно критиковали за
слишком высокий порог, так как если бы достаточное количество
майнеров не согласилось, они могли бы блокировать активацию
SegWit бесконечно, поэтому в NYA требуемый процент был снижен
до 80%. Однако еще до проведения NYA был разработан другой план,
чтобы попытаться заставить майнеров принять SegWit.

Отрезать нос, чтобы спасти лицо

Псевдонимный разработчик ShaolinFry объявил о своей идее «ак-
тивируемого пользователем софт-форка» (UASF) в феврале 2017
года,[1] хотя изначально этот план не привлек особого внимания.
UASF был явно попыткой бросить вызов власти майнеров, угрожая нарушить работу сети, если SegWit не будет быстро принят.[2]

Узлы с кодом UASF отказывались бы принимать блоки, которые не уведомляли бы об активации SegWit. Таким образом, если бы майнеры производили блоки, несовместимые с кодом UASF, *их узлы* в конечном итоге вычеркнули бы себя из сети. Хотя это звучит как само собой разумеющаяся плохая идея, теоретически это может вызвать проблемы, если они смогут набрать достаточное количество узлов с экономическим влиянием для выполнения своего кода — например, из бирж, платежных процессоров или провайдеров кошельков. Пользователи могут оказаться на отдельном блокчейне от большинства майнеров, без их ведома или согласия, что чревато потерей средств или сбоем платежей.

Архитекторы UASF пытались апеллировать к экономическим стимулам, чтобы поддержать свою идею. Помимо возможной боли от сбоев в работе сети, они также утверждали, что майнеры смогут получить больше прибыли, приняв SegWit, поскольку он позволяет проводить новые типы транзакций. Комиссионные можно будет получать с транзакций в оригинальном формате и в новом. Цель заключалась в том, чтобы сделать немедленное принятие SegWit самым простым путем для майнеров, поскольку они уже и так планировали принять его в любом случае.

У UASF и его сторонников было много противников. Соооснователь OB1 доктор Вашингтон Санчес утверждал, что «UASF — это модное название для атаки Sybil».[3] Атака Sybil — это когда участники сети не могут отличить честных участников от нечестных. Поскольку узлы Биткойна легко создать, можно наводнить сеть нечестными узлами, чтобы затруднить честным узлам связь друг с другом. По иронии судьбы, требование доказательства выполнения работы в Биткойне намеренно разработано для защиты *от* атаки Sybil. Узлы дешевы и легко создаются, а майнеры — нет. Требование к майнерам демонстрировать доказательство работы делает стоимость атаки на сеть экспоненциально выше, и именно эта высокая стоимость позволяет честным участникам находить друг друга. UASF пытается преодолеть эту защиту, угрожая вычеркнуть из сети экономически значимые узлы.

Майнеры против полных узлов

У концепции UASF есть несколько серьезных проблем. Самая главная из них заключается в том, что, учитывая дизайн Биткойна, он по-прежнему требует участия майнеров. Даже если бы узлы UASF успешно отделились от основной сети, без участия майнеров их цепочка не смогла бы генерировать новые блоки. Таким образом, она сразу же стала бы непригодной для использования. Если бы они взяли с собой 5% хешрейта, их цепочка могла бы производить блоки только с 5% обычной скорости — вместо десяти минут на каждый блок в среднем уходило бы двести минут. Кроме того, они будут подвержены «атакам 51%». Атака 51% — это когда большая часть хешрейта содержит ошибки, возможно это злонамеренно, и это может вывести блокчейн из строя. Если бы сторонники UASF перевели 5% хешрейта на новую цепь, это означало бы, что 95% осталось на BTC. Это означает, что для атаки на цепочку UASF потребуется еще 6% майнеров. 89% общего хешрейта будет приходиться на BTC, а 11% — на цепь UASF. Из этих 11% более половины будут враждебными и могут создать проблемы. В конце концов, дизайн, придуманный Сатоши, дает майнерам право определять, будет ли блокчейн функционировать или нет.

Хотя концепция UASF могла быть несовершенной, она подняла важный вопрос: майнеры подключаются к сети полных узлов или полные узлы подключаются к сети майнеров? К счастью, ответ — «и то, и другое». Хотя майнеры составляют техническую основу Биткойна, они не работают независимо от более широкой экономической сети. Майнеры по-прежнему ориентированы на получение прибыли, а это значит, что они должны учитывать пожелания других сторон. Они не могут просто провести изменения, не подорвав доверие (и цену) к монете, которую они добывают. Однако чрезмерная забота о мнении меньшинства также может быть контрпродуктивной в долгосрочной перспективе, особенно если она препятствует масштабированию блокчейна.

Вначале UASF не имел никакой поддержки, но со временем у него появились сторонники, когда за дело взялись самые экстремальные сторонники малых блоков, такие как Самсон Моу, генеральный директор Blockstream, и Люк Дашжр, подрядчик Blockstream. Моу организовал публичный сбор средств на лучшее предложение UASF[4], и в течение следующих нескольких месяцев поддержка UASF росла, особенно в социальных сетях, хотя никогда не было ясно, сколько поддержки было реальной, а сколько — купленной. Например, в Twitter сотни аккаунтов заполонили публичные дискуссии о Биткойне, агрессивно продвигая идею UASF. Поразительно много таких аккаунтов были новыми, с карикатурными картинками в профиле, почти без подписчиков и, очевидно, использовали свои аккаунты в Twitter исключительно для того, чтобы делиться своим авторитетным мнением о Биткойне, что они, похоже, и делали по несколько часов в день в течение нескольких месяцев. Между тем на реальных встречах и конференциях в группах никогда не было больше пары сторонников UASF, несмотря на их громкое присутствие в сети. Они быстро завоевали репутацию самых враждебных и деструктивных Биткойн-энтузиастов на конференциях, и их можно было узнать по одинаковым камуфляжным шапкам с надписью «UASF», которые были произведены компанией Blockstream.

В конце концов, несколько компаний, таких как BitFury и Samurai

Wallet, выразили поддержку UASF, но движение так и не достигло критической массы, да оно и не требовалось. Майнеры просто ускорили сроки перехода на SegWit в рамках NYA. Активация SegWit была запланирована на конец августа 2017 года, а увеличение размера блоков в два раза — на ноябрь того же года.

Скандал вокруг SegWit и UASF, однако, имел и другое последствие. Он подтолкнул группу майнеров к созданию резервного плана. Если SegWit окажется плохой идеей, или его принятие приведет к расколу цепи, или увеличение размера блока в два раза не произойдет, должен был быть план Б. Итак, была создана альтернативная реализация для безопасного отделения от BTC и формирования отдельной цепи, без SegWit и с немедленным увеличением лимита размера блока до 8 МБ. Эта реализация получила название Bitcoin ABC — «ABC» означает «регулируемый лимит размера блока», что позволило бы майнерам устанавливать свои собственные лимиты, не нуждаясь в одобрении разработчиков. Благодаря Bitcoin ABC появилась новая сеть, а значит, и новая монета, названная Bitcoin Cash. Так появился BCH — не как немедленная замена BTC, а как запасной план крупнейших майнеров на случай, если обновление BTC не удастся. Это оказалось хорошей идеей.

«Враги Биткойна»

Почти сразу после активации SegWit на смену UASF пришла новая кампания. SMM инфлюенсеры, контролеры информации и видные сотрудники Blockstream начали агитировать за «NO2X» — отказ от части «2X» в SegWit2x и сохранение лимита размера блока на уровне 1 МБ. Конечно, им пришлось потрудиться, поскольку почти все крупные предприятия по-прежнему планировали перейти на 2 МБ, а сигналы майнеров достигли более 90%. Почти единогласная поддержка со стороны участников индустрии была названа «корпоративным захватом», что было довольно иронично, поскольку NYA была необходима для преодоления корпоративного влияния Blockstream на разработчиков Core. По словам Адама Бэка:

> Люди, которые хотят корпоративно захватить Биткойн, у них этика противоположная Биткойну, и они хотят анти-Биткойн; они *враги* Биткойна.[5]

Core разработчик btcdrak поддержал это мнение и заявил, что SegWit2x фактически еще больше *централизует* развитие Биткойна:

> Я совершенно потрясен этим предложением как с технической, так и с этической точки зрения, так и с точки зрения принятого процесса... При всех разговорах о том, как важны «альтернативные реализации», как эти поспешные и торопливые действия способствуют развитию экосистемы с множеством реализаторов? Поощряя быструю модернизацию, вы фактически еще больше централизуете экосистему.[6]

Стремление предотвратить 2X апгрейд и, соответственно, обойти Core было предсказано заранее многими ветеранами, знакомыми с агрессивной тактикой сторонников малых блоков. Эта тема обсуждалась на форумах без цензуры, и некоторые утверждали, что ожидание того, что хардфорк не произойдет, сродни теории заговора. Пользователь jessquit ответил на это:

> Где я могу принять то лекарство, которое заставляет вас полностью забыть о последних N годах невыполненных обещаний, которые давали мошенники в этом пространстве? Потому что вы явно способны полностью отгородиться от всей истории и просто позволить своему воображению унести вас...

Возможно ли, что SW2X останется на верном пути и наберет 80+% для активации, а затем останется на верном пути к хардфорку? Да. Это определенно возможно. Но маловероятно.[7]

Другой пользователь согласился с ним:

Я не верю, что Blockstream и Core будут честны, разве они уже не доказали это Гонконгским соглашением? Они грубо отказались от соглашения, верно? Это как: обманул меня один раз — как тебе не стыдно, обманул меня дважды... я это заслужил.

Одна из особенно нечестных тактик *заключалась* в утверждении, что обновление SegWit — это увеличение размера блоков, подразумевая, что Core уже выполнила свое обещание, данное в Гонконге. Самсон Моу начал это повествование в Twitter с короткого диалога:

Активация SegWit положит окончательный конец предполагаемой «гражданской войне» в Биткойне и угрозе хардфорка с расколом сети.[8]

Эдмунд Эдгар ответил скептически:

Они имеют в виду, что, как только они получат SegWit, размер блока не будет увеличен никогда.[9]

На что Моу ответил, заявив:

SegWit — это увеличение размера блока. Докажите, что это не так.[10]

Это утверждение беззастенчиво повторяли все известные персонажи, включая Адама Бэка[11], Питера Тодда[12], Грега Максвелла[13],

Эрика Ломброзо[14] и даже на сайте segwit.org.[15] Причина, по которой они могли сделать такое заявление, заключалась в том, что SegWit изменил структуру транзакций. Технические детали не важны, но они добились этого, изменив метрику «размер блока» на «вес блока», по сути, по-разному взвешивая различные части транзакции. Благодаря этому новому методу учета буквальный размер блоков можно было немного увеличить более 1 МБ — в настоящее время он составляет в среднем 1,3 МБ, — но без существенного увеличения пропускной способности транзакций. Заявление о том, что это квалифицируется как увеличение размера блока на 2 МБ, было обманчивым — как будто сторонники SegWit2x просто хотели иметь блоки, содержащие больше данных, независимо от того, позволит ли это им обрабатывать больше транзакций на блок. Используя метрику «веса блока», SegWit2x привел бы к ограничению веса блока в 8 МБ, хотя пропускная способность была бы по сути такой же, как и при ограничении размера блока в 2 МБ. Сам по себе SegWit позволил реализовать лишь 50% той пропускной способности, на которую индустрия рассчитывала после заключения Гонконгского и Нью-Йоркского соглашений. Если бы SegWit действительно был увеличением размера блока по обычному определению, то споров о SegWit2x вообще бы не было.

Виновны все

Theymos и Cobra вновь использовали свой контроль над ключевыми сайтами для того, чтобы продвигать только идеологию Core. На сайте Bitcoin.org был сделан еще один шаг к исключению из списка компаний, поддерживающих SegWit2x. Cobra написал:

> Пока что давайте просто уберем любые упоминания о Coinbase и Bitpay (и связанных с ними продуктах) и выпу-

стим предупреждение, в котором сообщим пользователям, что следует избегать Coinbase и Bitpay, поскольку они планируют перейти на что-то, что, по нашему мнению, не является настоящим Биткойном. В оповещении могут быть инструкции, рассказывающие пользователям, как вывести свои BTC с этих сервисов, и рекомендации альтернативных компаний, которые стремятся использовать настоящий Биткойн.[16]

Пару дней спустя Cobra поделился планами по добавлению «предупреждения безопасности о Segwit2x», чтобы информировать пользователей о том, «что планируют эти коварные компании, чтобы мы могли помешать им незаметно воплотить это в жизнь».[17] Эти коварные компании состояли из большинства крупнейших, старейших, наиболее успешных и уважаемых участников индустрии — почти всех, кто не входит в пузырь Blockstream/Core. Тем не менее всего неделю спустя Bitcoin.org объявил о намерении внести в черный список большинство компаний, работающих с Биткойном[18]:

> Bitcoin.org планирует опубликовать на каждой странице сайта баннер, предупреждающий пользователей о рисках использования сервисов, которые по умолчанию будут поддерживать так называемый спорный хардфорк Segwit2x1 (S2X). Компании, поддерживающие S2X, будут названы... По умолчанию мы будем использовать следующий список компаний, которые поддержали S2X, в нашем предупреждении:

- 1Hash (China)

- Abra (Estados Unidos)

- ANX (Hong Kong)

- CryptoFacilities (Reino Unido)

- Decentral (Canadá)

- Digital Currency Group (Estados Unidos)

- Bitangel.com/
Chandler Guo
(China)

- Rede BitClub (Hong
Kong)

- Bitcoin.com (São
Cristóvão e Névis)

- Bitex (Argentina)

- bitFlyer (Japão)

- Bitfury (Estados
Unidos)

- Bitmain (China)

- BitPay (Estados
Unidos)

- BitPesa (Quênia)

- BitOasis (Emirados
Árabes Unidos)

- Bitso (México)

- Bixin.com (China)

- Blockchain (Reino
Unido)

- Bloq (Estados
Unidos)

- BTC.com (China)

- BTCC (China)

- Filament (Estados
Unidos)

- Genesis Global
Trading (Estados
Unidos)

- Genesis Mining
(Hong Kong)

- GoCoin (Ilha de
Man)

- Grayscale Investments
(Estados Unidos)

- Jaxx (Canadá)

- Korbit (Coreia do
Sul)

- Luno (Cingapura)

- MONI (Finlândia)

- Netki (Estados
Unidos)

- OB1 (Estados
Unidos)

- Purse (Estados
Unidos)

- Ripio (Argentina)

- Safello (Suécia)

- SFOX (Estados
Unidos)

- ShapeShift (Suíça)

– BTC. TOP (China)

– BTER.com (China)

– Circle (Estados Unidos)

– Civic (Estados Unidos)

– Coinbase (Estados Unidos)

– Coins.ph (Filipinas)

– SurBTC (Chile)

– Unocoin (Índia)

– Veem (Estados Unidos)

– ViaBTC (China)

– Xapo (Estados Unidos)

– Yours (Estados Unidos)

В 2017 году этот список был наиболее близок к консенсусу в Биткойн-сообществе, поскольку охватывал почти всю индустрию. Однако, по словам владельцев Bitcoin.org, это был всего лишь список «вероломных компаний», которые на самом деле ушли от консенсуса, стремясь захватить Биткойн для себя, чтобы безответственно изменить программное обеспечение и разрешить блоки размером 2 МБ. Абсурдность ситуации хорошо передана в заголовке новостной статьи на сайте trustnodes.com: «Bitcoin.org планирует „разоблачить“ почти все Биткойн-бизнесы и майнеров».[19]

Во что бы то ни стало

Вместо того чтобы избежать форков, было похоже, что Биткойн к концу 2017 года разделился на три разные цепи: Segwit1x (S1X), Segwit2x (S2X) и Bitcoin Cash (BCH). Борьба между S1X и S2X привела к возникновению важнейшего вопроса: какая из цепочек сохранит название «Биткойн» и символ тикера «BTC»? Если «Биткойн» идентичен сети, созданной программным обеспечением Bitcoin Core, то, очевидно, это означает, что S1X — это Биткойн. Но если Биткойн — это сеть, созданная майнерами и всей индустрией, и не является синонимом одной программной реализации, то S2X, очевидно, будет Биткойном.

Большая часть индустрии приняла ту же политику, которая часто считается нейтральной. Название «Биткойн» присваивалось той цепочке, которая набирала наибольший хэшрейт, независимо от того, была ли она S1X или S2X. Это не только соответствовало замыслу Сатоши, но и имело смысл с точки зрения обеспечения максимальной стабильности. Цепочка с меньшим хэшрейтом не просто ненадежна, она может привести к потере средств. Хотя такая политика была разумной, она также представляла собой угрозу существованию Blockstream и разработчиков Core. К сентябрю 2017 года около 95% хешрейта проголосовало за S2X[20], практически гарантируя, что имя, тикерный символ и сетевые эффекты Биткойна перейдут к цепочке 2 МБ. И если разработчики Core не введут дополнительные меры защиты, подобные тем, что были введены при форке Bitcoin Cash, они рисковали полностью стереть свою цепочку. Однако введение таких защит означало бы, что они признали себя меньшинством и проиграли битву за Биткойн. Поэтому, вместо того чтобы признать свое поражение, они стали еще более агрессивными и попытались привлечь правительство.

Разработчик Core Эрик Ломброзо назвал S2X «серьезной кибератакой» и пригрозил судебным разбирательством, заявив:

> Значительная часть сообщества хочет сохранить унаследованную цепочку... попытки уничтожить ее будут рассматриваться как нападение на собственность всех этих людей. Это серьезная кибератака, и против нее подготовлены решительные меры, как технические, так и юридические.[21]

Сооснователь Blockstream Мэтт Коралло напрямую обратился в SEC с просьбой вмешаться и обеспечить «защиту потребителей» от форка:

> Я — Мэтт Коралло, давний Биткойн-разработчик... эксперт по работе Биткойна, ярый защитник Биткойна и убежденный сторонник наличия биржевого продукта Биткойна (ETP). У меня есть серьезные опасения по поводу предлагаемых правил хранения депозитов в Биткойне и отсутствия защиты потребителей в случае изменения правил Bitcoin Network в данном случае.
>
> Как описано в заявке S-1 «Инвестиционного траста Биткойна» (BIT), «необратимый форк» Биткойна может произойти, когда две группы пользователей не согласны с правилами, определяющими систему (правилами консенсуса). Более конкретно, такой «необратимый форк» может произойти, когда одна группа пользователей захочет внести изменения в правила консенсуса Биткойна, в то время как другая — откажется...
>
> Важно отметить, что в случае необратимого форка, вероятно, возникнет значительное замешательство на рынке, поскольку инвесторы, предприятия и пользователи будут решать, какую криптовалюту они будут называть «Биткойн»... В таком случае BIT может вызвать значительное замешательство на рынке в долгосрочной перспективе, фактически вводя потребителей в заблуждение, при этом соблюдая предложенные в настоящее время правила.[22]

Самсон Моу написал в Twitter, предположив, что Coinbase нарушает законы «BitLicense» в Нью-Йорке. Отметив в посте Coinbase и Департамент финансовых услуг Нью-Йорка, он написал:

> Нарушает ли @coinbase условия #BitLicense? Одобрение 2x форка определенно вызывает опасения по поводу безопасности. @NYDFS[23]

И далее он продолжил:

> Дал ли суперинтендант @NYDFS предварительное письменное разрешение Coinbase на подписание #NYA?[24]

Помимо угроз судебными исками, они также использовали более прямые способы нападения на компании, которые не классифицировали как «Биткойн» то, что не соответствовало программному обеспечению Bitcoin Core. Например, поставщики кошельков могли столкнуться с волнами фальшивых отзывов onestar на свои приложения, предупреждающих пользователей о потенциальной «потере средств» или «вредоносном ПО», поскольку их компания не поддерживает «настоящий» Биткойн.

Bitcoin.com был внесен в список вредоносных почтовых спам-рассылок, в результате которых на все наши адреса @bitcoin.com ежедневно отправлялись тысячи спам-писем. Начался очередной раунд DDoS-атак на сторонников NYA. Постоянная демонизация, очернение личности и преследование в интернете распространялись даже на тех, кто был виновен в связях с объявленными врагами. Когда Bitcoin.org обсуждал удаление кошелька BTC.com с их сайта, Cobra ответил:

> Они связаны с этим монстром Джихан Ву, так что я не против, если их удалят из-за этого, они ужасные люди. Я определенно чувствую, что здесь перешли за грань.[25]

Джихан Ву — соучредитель компании Bitmain, крупнейшего производителя чипов для майнеров Биткойна. Он также был первым человеком, который перевел техническую статью на китайский язык. Несмотря на то, что он начал участвовать с 2011 года и создал одну из самых успешных компаний, Ву называли монстром за то, что он не полностью подчинялся Bitcoin Core. На самом деле, поскольку почти все майнеры поддерживали S2X вместо Core, нарратив быстро сменился на откровенную враждебность к майнерам в целом — как будто Segwit2x был «захватом» Биткойна со стороны майнеров. Должная роль майнеров больше не заключалась в защите, обеспечении безопасности и масштабировании сети; она заключалась в скромном запуске программного обеспечения, предоставленного им разработчиками Core.

Мафия побеждает

И снова давление начало действовать. Организованные операции по дискредитации против компаний наносили им серьезный ущерб. В то время как на онлайн-форумах сохранялась цензура против сторонников больших блоков, сообщения с нападками на компании, поддерживающие S2X, продвигались, независимо от того, насколько важную роль они играли в экономике Биткойна. Брайан Хоффман из OB1 одним из первых публично отказался от поддержки S2X, но не потому, что поддерживал S1X, а потому, что был измучен нападками на свою компанию. В статье под названием «SegWit2X: вам конец, если вы согласитесь, вам конец, если не согласитесь» он написал:

> Еще одна причина, по которой я поддержал SegWit2x, заключается в том, что я надеялся, что, сделав SegWit реальностью, мы сможем как-то сплотить раздробленное сообщество Биткойна, когда оно больше всего в этом нуждается. Я ошибался. Я больше не чувствую, что это реальность. Биткойн-сообщество не заботится о единстве, кроме как о сохранении богатства, уже накопленного многими ранними держателями и богатыми инвесторами.

Затем он написал об огромном изменении культуры, произошедшем в Биткойне. Вместо того чтобы праздновать массовое принятие и использование, культура стала враждебной по отношению к людям, которые вообще тратят свои Биткойн-монеты:

> Меня постоянно забрасывают сообщениями люди, которые говорят мне, что я наношу вред Биткойну, поощряя пользователей тратить свои Биткойн-монеты на OpenBazaar. Кто-то вообще отметил нашу инициативу Crypto is Currency Day как вредоносную, потому что не верил в использование Биткойна в качестве формы оплаты. Обидно, что люди настолько мелочны, но такова реальность... В заключение вы можете официально записать меня в колонку #Whatever2X. Я больше заинтересован в создании позитивной ситуации в мире, а не в борьбе с троллями и мудаками в сообществе.[26]

На фоне споров и неразберихи криптовалютная биржа BitFinex, которая, к слову, не подписала NYA, нашла способ повысить сложность перехода на Segwit2x. В отличие от большинства представителей отрасли, они решили, что тикерный символ BTC не будет присваиваться на основе хэшрейта. Вместо этого он будет присваиваться «действующей реализации». Их объявление гласило:

> Поскольку предложенный протокол консенсуса проекта Segwit2x, похоже, будет активирован, мы решили обозначить форк Segwit2x как B2X, пока что. Действующая реализация (основанная на существующем протоколе консенсуса Биткойна) будет продолжать торговать как BTC, даже если цепочка B2X будет обладать большей хэш（рующей способностью... На данный момент BTC будет по-прежнему обозначаться как «Биткойн», а B2X — как «B2X». Так будет до тех пор, пока рыночные силы не предложат альтернативную, более подходящую схему обозначения для одной или обеих цепочек.[27]

Вскоре другие небольшие биржи последуют той же политике. Это означало, что пользователи могли обнаружить, что торгуют «BTC» по одной цене на BitFinex, по совершенно другой цене на Coinbase, а платежные процессоры вроде BitPay могли вообще не распознать их монеты — по сути, кошмарный сценарий для рядового пользователя. Представьте себе, как процессор транзакций, такой как BitPay, пытается объяснить эту ситуацию магазинам или клиентам, спрашивающим, почему их платежи в BTC не прошли. Головная боль будет огромной, поэтому 8 ноября 2017 года, примерно за неделю до запланированного форка, BitPay написала письмо с призывом отменить Segwit2x.[28] Вскоре после этого было сделано совместное заявление наиболее сильных сторонников проекта, включая ведущего разработчика Джеффа Гарзика:

> Нашей целью всегда было плавное обновление Биткойна. Хотя мы твердо убеждены в необходимости увеличения размера блока, есть кое-что, что мы считаем еще более важным: сохранение сообщества. К сожалению, очевидно, что на данный момент мы не достигли достаточного консенсуса для плавного обновления размера блока. Продолжение нынешнего пути может расколоть сообщество и помешать росту Биткойна. Это никогда не было целью Segwit2x.
>
> Мы считаем, что по мере роста комиссий в блокчейне в конечном итоге станет очевидной необходимость увеличения пропускной способности цепочки. Когда это произойдет, мы надеемся, что сообщество объединится и найдет решение, возможно, с помощью увеличения размера блока. До тех пор мы приостанавливаем наши планы по предстоящему обновлению до 2 МБ.[29]

И на этом Нью-Йоркское соглашение потерпело неудачу, как и Гонконгское соглашение до него, как и Bitcoin Unlimited, Classic и XT до него. Угроза срыва была слишком большим риском, особенно для ограничения в 2 МБ, которое обеспечивало лишь часть пропускной способности, необходимой для массового принятия. Провал S2X раз и навсегда продемонстрировал, что Bitcoin Core полностью захватил BTC и навсегда изменил его дизайн. Любой, кто придерживался первоначального видения Биткойна как цифровой валюты, был вынужден перейти в другой проект. К счастью, Bitcoin Cash сразу же предоставил этот выход в виде Биткойн-блокчейна с большими блоками, не обремененного компанией Blockstream и разработчиками Core. Через три дня после отмены Segwit2x Гэвин Андресен назвал BCH продолжением оригинального проекта Bitcoin:

Bitcoin Cash — это то, над чем я начал работать в 2010 году: хранилище стоимости и средство обмена.[30]

Самое мрачное для Биткойна время пришлось на эпоху Гражданской войны, которая привела к успешному захвату оригинального проекта. Но, к счастью, на этом его история не заканчивается. Максималисты будут настаивать на том, что битва за Биткойн закончена, что разработчики Core теперь являются последней инстанцией и что рост цен на BTC подтверждает философию малых блоков. Все это неправда. Технология Биткойна все еще нова, и с большими блоками она может конкурировать с любой денежной системой в мире. Разработчики Core могут контролировать BTC, но они не имеют никакого контроля над BCH. Цена каждой монеты зависит от качества информации в экономике. Если в настоящее время широко распространена дезинформация, то цены будут корректироваться по мере появления более достоверной информации. Первоначальная амбициозная цель Биткойна заключалась в том, чтобы стать быстрой, дешевой и надежной платежной системой для интернета, не требующей доверия к централизованному органу власти. Этот проект жив и здоров. Просто его реализация затянулась на несколько лет.

Часть III:

Вернуть Биткойн

20

Претендент на звание

Ни один криптовалютный проект не защищен от коррупции, какой бы многообещающей ни была технология, потому что все криптовалюты зависят от программного обеспечения, а значит, и от людей. Люди всегда могут быть скомпрометированы, а программное обеспечение всегда может быть переписано. Успешный захват Bitcoin Core стал наглядной демонстрацией этой печальной истины. Хотя криптовалюты, вероятно, станут деньгами будущего, остается открытым вопрос, сделают ли они мир более свободным. При сохранении нынешней траектории развития, технология может оказаться полностью испорченной. Вместо того чтобы использоваться для расширения возможностей людей и предоставления им большей финансовой свободы, она может быть использована для противоположной цели — дать возможность правительствам отслеживать, наблюдать и контролировать людей. Такой негативный исход гораздо более вероятен, если люди не смогут получить доступ к блокчейну и будут вынуждены полагаться на вторые уровни. Деньги без посредников — это невероятный инструмент для продвижения человеческой свободы; блокчейн с контролируемым доступом — это невероятный инструмент для ее ограничения. Станет ли Биткойн в итоге денежной системой без посредников или системой контроля в кошмаре-антиутопии, зависит от того, какие решения мы примем в дальнейшем.

Настоящий Биткойн

К концу 2017 года Биткойн начал переход от эпохи гражданской войны к нынешней эре мейнстрима. Провал Segwit2x дал понять, что проект Сатоши никогда не будет реализован в сети Bitcoin Core. Малые блоки стали фундаментальной особенностью BTC. Таким образом, все, кто хотел масштабировать Биткойн с помощью больших блоков, были вынуждены перейти с BTC на BCH. В связи с этим я сразу же направил все свои усилия на продвижение Bitcoin Cash, поскольку он был продолжением проекта, над которым я работал предыдущие семь лет. Прошло совсем немного времени, и крупнейшие компании, такие как BitPay и Coinbase, интегрировали BCH в свои сервисы, чтобы люди могли покупать и оплачивать покупки с помощью BCH, а не BTC.

Сразу же началась конкуренция между Bitcoin Cash и Bitcoin Core, и они боролись не только за пользователей. Само существование Bitcoin Cash представляло собой фундаментальную проблему для Bitcoin Core, поскольку он законно претендовал на звание «настоящего Биткойна». В течение первого года существования Bitcoin Cash BTC и BCH сражались за само название «Биткойн». Хотя сегодня в индустрии принято называть BTC «Биткойном», эта конвенция не была установлена в течение некоторого времени, и если вы понимаете технологию и ее историю, становится ясно, почему битва за название «Биткойн» была и остается критически важной, и ни одной группе нельзя позволить монополизировать ее. Виталик Бутерин поддержал это мнение еще в 2017 году, хотя и считал, что называть BCH «Биткойном» преждевременно, написав в Twitter:

> Я считаю BCH законным претендентом на название Биткойн. Я считаю, что *невозможность* Биткойна увеличить размер блока, чтобы сохранить разумные комиссии, является большим (несогласованным) изменением «первоначального плана», что с моральной точки зрения равносильно хард форку...
>
> Тем не менее, *сейчас* я думаю, что пытаться утверждать, что «BCH = Биткойн» — плохая идея, поскольку это мнение меньшинства в «большом Биткойн-сообществе».[1]

Три важнейших вопроса

Форк BCH поднял три важнейших вопроса, на которые должен ответить каждый сторонник Биткойна:

1) Является ли Биткойн идентичным тому, что производят разработчики Bitcoin Core?

Даже самые яростные сторонники Bitcoin Core должны признать, что Биткойн не может быть просто тем, что создано разработчиками Core. Не нужно большого воображения, чтобы понять, как такой проект может быть испорчен. Например, представьте, что основные аккаунты Github, связанные с Bitcoin Core, взломаны и изменили код так, чтобы каждая транзакция требовала бы оплаты комиссии на неизвестный адрес. Очевидно, что это будет означать, что Bitcoin Core был взломан, и «настоящий Биткойн» должен будет продолжить работу с другой программной реализацией. Поскольку угроза взлома существует всегда, это означает, что Биткойн должен оставаться отдельным от реализации Bitcoin Core, чтобы защитить целостность сети. Но это поднимает следующий вопрос:

2) Когда возникает необходимость в форке от Bitcoin Core?

Экосистема Биткойна всегда должна быть готова к смене программных реализаций в случае необходимости — в противном случае не будет никакой защиты от коррупции разработчиков. Поэтому должны существовать какие-то критерии для определения необходимости форка. Если для совершения каждой транзакции вдруг стала обязательной уплата комиссии таинственной организации, это явный признак того, что пора делать форк, но не все ситуации так однозначны. Например, также может быть признаком, если фундаментальная конструкция Биткойна меняется, чтобы ограничить доступ людей к блокчейну. Или если самые влиятельные разработчики создадут компанию, которая переключит трафик с Биткойна на свой собственный сайдчейн — это тоже может быть признаком. Централизация разработки — это постоянная проблема, и, по иронии, даже ведущий разработчик Ван дер Лаан признал это в 2021 году. В своем блоге он написал, что больше не хочет возглавлять проект:

> Я понимаю, что сам являюсь в некоторой степени источником централизации. И хотя я нахожу Bitcoin чрезвычайно интересным проектом и считаю его одним из самых важных на данный момент, у меня есть и много других интересов. Кроме того, он вызывает у меня особый стресс, и я не хочу, чтобы он, равно как и странные перепалки в социальных сетях вокруг него, стали определять меня как личность.[2]

Если ведущий разработчик признает, что стал причиной централизации, это тоже может быть признаком того, что пора делать форк. Тот факт, что форки оправданы и необходимы в определенных ситуациях, поднимает следующий важный вопрос:

3) Когда форк начинает называться «настоящим Биткойном»?

Сама по себе возможность форка программного обеспечения не предотвращает захват разработки. Форк программного обеспечения также должен сопровождаться угрозой захвата уже существующих сетевых эффектов — каждая сторона форка должна конкурировать за звание «настоящего Биткойна» и символ тикера «BTC». От этого зависит целостность всей системы.

Большинство людей не понимают, что тикеры (BTC, BCH, ETH, XMR и т. д.) существуют отдельно от основного блокчейна, к которому они привязаны. На самом деле, в первые дни существования Bitcoin Cash он торговался на некоторых криптовалютных биржах как «BCC», прежде чем была принята конвенция «BCH». Эти тикеры являются значительной частью сетевых эффектов для любой монеты. На практике все, что торгуется на биржах под тикером «BTC», люди называют «Биткойном». Поэтому очень важно, чтобы форки могли конкурировать и за доминирующий тикерный символ. Если Bitcoin Core всегда будет наследовать эти сетевые эффекты, это будет огромным преимуществом и значительным шагом к полному захвату Биткойна, поскольку любому новому конкуренту придется создавать свою собственную сеть с нуля. Если же существующая инфраструктура будет по умолчанию использовать Bitcoin Core, то вся серьезная конкуренция будет проиграна, а разработчиков Core нельзя будет уволить или заменить.

Несмотря на свою важность, предыдущие три вопроса задаются редко. Задавая их публично, вы вызываете гнев инженеров социальных сетей, которые отчаянно хотят сохранить контроль над повествованием о Биткойне. Если широкая общественность когда-нибудь осознает, что захват со стороны разработчиков — это экзистенциальная угроза для любого криптовалютного проекта, она может понять, что Bitcoin Core уже захватили Биткойн — и что Bitcoin Cash является попыткой вернуть его.

Разворот ситуации

Сразу после провала Segwit2x появилась реальная возможность того, что Bitcoin Cash просто заменит BTC в качестве настоящего Биткойна. Я был не единственным, кто так думал. В течение месяца цена BCH выросла с примерно 650 долларов до междневного максимума в 4 000 долларов! В течение короткого периода времени казалось, что Биткойн раз и навсегда освободится от Core. Однако импульс не получил продолжения, и в условиях удушающего информационного контроля цена BCH неуклонно снижалась по отношению к BTC на протяжении последних нескольких лет. Сторонники Bitcoin Core охотно объявляют о победе из-за большой разницы в цене между двумя монетами, но это преждевременно.

На мой взгляд, более высокая цена BTC почти полностью обусловлена наследованием сетевых эффектов, а не тем, что люди были в восторге от маленьких блоков — ведь спустя годы все еще почти никто не понимает разницы между большими и маленькими блоками. Пользователь форума MortuusBestia проиллюстрировал этот момент мысленным экспериментом, представив, что BTC — это форк BCH, а не наоборот:

Развернем ситуацию.

Представьте себе, что доминирующий Биткоин имеет 32-мегабитные блоки с детально проработанным планом масштабирования, включающим успешное тестирование блоков GB+, поддержку каждого крупного криптовалютного бизнеса, проекта и сервиса, комиссии меньше цента и стратегию роста «чем больше, тем лучше» для настоящего глобального принятия.

А теперь представьте, что какие-то начинающие разработчики сделали форк и уменьшили размер блока до 1 Мб, сильно ограничив транзакционные возможности, чтобы создать рынок с колеблющимися комиссиями, предназначенный для создания долгосрочных комиссий, превышающих $100+, что приведет пользователей к системе второго уровня, состоящей из финансовых посредников, регулируемых государством, которые они называют «хабами».*

Будет ли эта новая монета с высокими сборами пользоваться хоть каким-то спросом?

Необходимо понять, что нынешняя цена BTC — это результат работы, а не заслуг. Любые предположения о том, что рынок никогда не сможет прийти к пониманию того, что Blockstream/Core редизайн Биткойна был ошибкой, являются чистой идеологией, поведением культа.[3]

Это отличное замечание. Трудно всерьез воспринимать идею о том, что цепочка с маленькими блоками и высокой комиссией имела бы реальный шанс. Это было бы интересно в качестве эксперимента или сайдчейна, потому что это фактически новая идея по сравнению с видением Сатоши. Я полностью поддерживаю такие эксперименты, но они не должны были наследовать сетевые эффекты BTC — вся индустрия была заторможена в течение многих лет, потому что их эксперимент в значительной степени провалился с технологической точки зрения.

«Вы не назвали это Bcash»

Самым мощным оружием в арсенале максималистов BTC всегда был контроль над повествованием. Поэтому они немедленно приступили к работе, используя свою старую тактику очернения людей и управления потоком информации в Интернете. Мое прозвище «Биткойн Иисус» было переиначено в «Биткойн Иуда», как будто я был великим предателем Биткойна, несмотря на то, что мои идеи оставались неизменными с 2011 года. Была создана кампания, в рамках которой Bitcoin Cash называли только «bcash», чтобы дискредитировать и отдалить BCH от бренда Bitcoin. Никто в сообществе BCH не использовал «bcash» для обозначения Bitcoin Cash, но это не имело значения. Они даже создали фальшивую страницу Reddit под названием «r/bcash», которую контролировали сторонники малых блоков, и направляли на нее людей с популярной страницы r/Bitcoin, чтобы ввести их в заблуждение.[4] Честное обсуждение Bitcoin Cash снова сильно подавлялось, а часто и вовсе подвергалось цензуре.

Видевшие подобную тактику раньше, многие сторонники больших блоков предположили, что кампания bcash координируется теми же плохими актерами, и просочившиеся разговоры укрепили это подозрение. В беседе в Slack между Адамом Бэком и Коброй — псевдонимным совладельцем домена Bitcoin.org — Бэк пытается убедить Кобру передать домен кому-то другому, поскольку обвиняет Кобру в тайной симпатии к философии больших блоков. В качестве аргумента Бэк указывает на то, что Кобра «просто сказал, что у bcash есть преимущества, и не назвал его bcash» — как будто простое неиспользование термина bcash является подозрительным поведением.[5] Несмотря на то что это мелочь, такая жесткая координация языка среди максималистов оказалась эффективной для укрепления мнения о том, что Bitcoin Cash — это не тот проект, который следует воспринимать всерьез.

Разработчик BCH Джоналд Фьюкбол написал статью, в которой кратко изложил свои мысли о мотивах кампании «bcash». Он пояснил:

> Все просто: Они хотят отделить Bitcoin Cash от Bitcoin. Они не хотят разрешать Bitcoin Cash использовать торговую марку Bitcoin. И это совершенно лицемерно, учитывая тот факт, что группа Core использовала все грязные приемы (цензуру, корпоративизм, ложь и затягивание времени), чтобы узурпировать проект Bitcoin в своих собственных целях...
>
> Они надеются, что новые пользователи даже не догадаются о существовании другой версии Биткойна. Они надеются, что эти пользователи не поймут, что Биткойн изначально был электронной валютой без посредников (а не расчетным слоем, как утверждает Core).
>
> И в конечном итоге они надеются, что люди не увидят, что Биткойн сменил курс, и что существует версия Биткойна, которая осталась верна прежней формуле.[6]

Мысли Джоналда совпадают с моими собственными, и я знаю многих, кто согласен с ними, но не говорит об этом.

21

Слабые возражения

Схема действий Биткойн-максималистов должна быть уже понятна — неустанно продвигать нарратив и атаковать любого, кто подвергает его сомнению. Цензура обсуждения и пересмотр истории, если это необходимо. Использовать социальные сети, чтобы преследовать, стыдить и запугивать людей, заставляя их подчиняться. Я ожидаю, что эта тактика сохранится и в будущем, потому что до сих пор она была эффективной, а также потому, что нарратив Bitcoin Core весьма хрупок. Любой, кто захочет разобраться, быстро найдет пробелы в их истории. Хотя примеров возмутительного, обманчивого поведения можно привести бесконечно много, не вся критика Bitcoin Cash исходит от плохих игроков. Информация в сети жестко контролируется уже несколько лет, поэтому большинство людей просто запутались, потому что слышали только одну сторону истории. Наиболее распространенные критические замечания в адрес BCH легко опровергнуть, но все же стоит обратить на них внимание.

«Серьезные технические проблемы»

The Bitcoin Standard — один из главных виновников путаницы, потому что он содержит несколько базовых ошибок. Утверждения Аммуса о масштабировании уже были рассмотрены, но он также делает сомнительные заявления о BCH. Отметив большую разницу в цене между BTC и BCH, он пишет:

> Мало того, что Bitcoin Cash не может обрести экономическую ценность, он также страдает от серьезной технической проблемы, которая делает его практически непригодным для использования.[1]

По всей видимости, это преувеличение, а речь идет об аварийной корректировке сложности (Emergency Difficulty Adjustment, EDA), которую Bitcoin Cash недолго использовал после своего создания. До форка 2017 года было неясно, сколько хэшрейта будет иметь цепочка BCH, поэтому EDA была создана для того, чтобы гарантировать, что блокчейн останется работоспособным даже при небольшом количестве майнеров. Недостатком EDA было то, что она могла вызывать колебания хэшрейта, чередуя слишком быструю добычу блоков с чрезмерно медленной. Эти колебания не были «серьезной технической проблемой». Они были ожидаемы заранее, хотя их величина была недооценена. Тем не менее, это стало мешать работе, и через пару месяцев EDA просто удалили и заменили на более совершенный алгоритм, как и планировалось.

«Это монета Роджера Вера»

Я уже сбился со счета, сколько раз меня называли «создателем» Bitcoin Cash из-за моего продвижения этой технологии. Но это утверждение просто не соответствует действительности. Я не имею никакого отношения к созданию Bitcoin Cash. На самом деле, я поддержал Segwit2x, потому что не хотел, чтобы индустрия раскололась на две части. В первую очередь я хотел сохранить BTC, и только после того, как S2X потерпел неудачу, я решил полностью поддержать Bitcoin Cash.

Более того, я отказываюсь присягать на верность какой-либо конкретной монете. Я всегда был сторонником мультимонетного будущего, в котором пользователи могут выбирать из множества вариантов. Конкуренция полезна, и если BCH проиграет конкуренцию другой монете — и этот проект увеличит общее количество экономической свободы в мире, — я полностью поддерживаю это. Bitcoin Cash выглядит многообещающе благодаря своим базовым техническим возможностям, но если другая монета имеет лучшие фундаментальные показатели, я также поддерживаю ее использование и принятие.

Кроме того, поскольку я лично наблюдал захват и коррупцию BTC, я с болью осознаю, что это может произойти и с BCH, и с любым другим проектом. Ни одна технология или сообщество не совершенны, и успех никогда не гарантирован. Поэтому я сосредоточен на общей пользе криптовалюты для улучшения мира, а не на какой-то конкретной монете ради нее самой. Я не являюсь создателем Bitcoin Cash, но я один из самых больших его сторонников.

«Лишь горстка майнеров»

Еще одно популярное возражение заключается в том, что Bitcoin Cash контролирует лишь горстка майнеров. Озабоченность по поводу централизации майнеров вполне обоснована для блокчейнов с доказательством работы — атаки на уровне 51% всегда возможны, — но это замечание не выдерживает критики, потому что она не применяется последовательно. Крупные майнинговые пулы действительно контролируют значительный процент хэшрейта, что обусловлено замыслом Сатоши, но этот факт справедлив для BTC, BCH, BSV и любой другой цепочки с доказательством работы, использующей алгоритм SHA-256. Фактически, одни и те же майнеры будут переключаться между цепочками по мере того, как будет меняться рентабельность их добычи. На следующем графике показана централизация майнинга в BTC по состоянию на март 2023 года:[2]

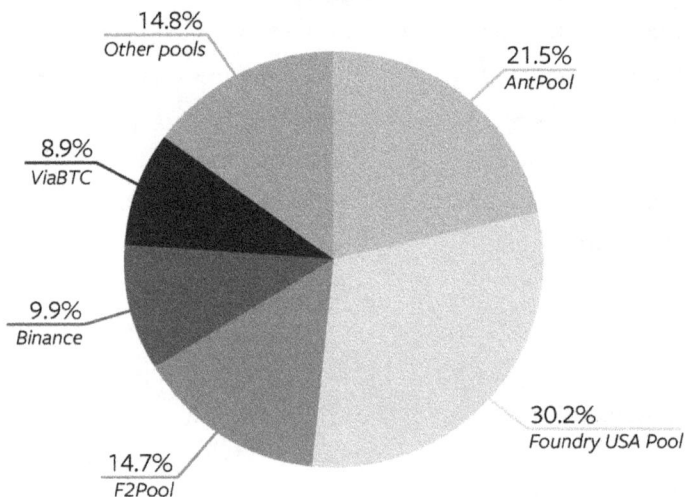

Рисунок 8: Последние блоки BTC по майнинговым пулам (одна неделя)

На этой диаграмме показаны три майнинговых пула, на долю которых приходится более 65% общего хэшрейта. Если включить два следующих по величине пула, то общее количество превысит 85%. Майнинг Биткойна просто не настолько децентрализован. Хотя это обоснованное беспокойство, реальные риски не стоит преувеличивать. Майнинговые пулы не контролируют напрямую подключенных к ним майнеров. По любой причине отдельные майнеры и управляемые ими машины могут переключиться на другой пул. Поэтому даже если оператор пула захочет скоординировать атаку на 51%, у него не будет механизма заставить отдельных майнеров согласиться с этим. Любая критика Bitcoin Cash за централизацию майнинга должна применяться последовательно ко всем цепочкам SHA-256.

Также стоит вспомнить одно из сообщений Сатоши Майку Хирну в 2011 году, когда он написал:

> С развитием событий оказалось, что количество людей, которым нужны полноценные узлы, меньше, чем я представлял себе изначально. Сеть будет прекрасно работать и с небольшим числом узлов, если нагрузка на них станет большой.[3]

Сатоши понимал, что определенная степень централизации неизбежна, и эта закономерность повторяется в разных отраслях. Проблема заключается не в централизации как таковой, а скорее в риске атаки 51%. По мере роста майнинговой индустрии становится все менее реалистичным представить, что крупнейшие участники будут координировать вредоносную атаку на сеть, в которую они вложили сотни миллионов долларов.

«Разработчики — плохие»

Сторонники Bitcoin Core известны тем, что утверждают, будто у них лучшие разработчики среди всех криптовалютных проектов — но особенно они хороши по сравнению с разработчиками Bitcoin Cash. В течение первого года после форка Bitcoin Cash это было одно из самых популярных клеветнических заявлений в адрес BCH, но после события конца 2018 года, когда разработчик BCH по имени

Awemany обнаружил катастрофическую ошибку в программном обеспечении Bitcoin Core, это стало заметно реже. В своей статье на *Medium*, объясняющей произошедшее, Awemany написал:

> Шестьсот микросекунд. Это примерно то время, которое Мэтт Коралло хотел сократить на валидации блоков своим запросом на внесение изменений в Bitcoin Core в 2016 году... Эта оптимизация на 600 микросекунд теперь привела к CVE-2018-17144. Безусловно, это самая катастрофическая ошибка за последние годы, и, безусловно, *одна из самых катастрофических ошибок в Биткойне за всю историю.*

> Изначально предполагалось, что эта ошибка может стать причиной инфляции, о ней сообщили, потому что она гарантированно приводила к сбоям, и при более тщательном анализе подтвердилось... что она действительно делает возможной инфляцию!

Из всех возможных ошибок в Биткойне инфляционная ошибка — одна из самых страшных: если бы ей воспользовались, она могла бы позволить кому-то тайно создавать новые монеты из воздуха! Awemany был настолько потрясен серьезностью ошибки и тем, что она прошла экспертную оценку таких людей, как Ван дер Лаан и Грег Максвелл, что задался вопросом, не была ли она преднамеренной:

> Должен также честно признаться, что это изменение рождает во мне подозрение... Я хотел бы уточнить, что я ничего не утверждаю, но это определенно приходит мне в голову как потенциально возможное...

> Я всегда боялся, что кто-то из банкирских кругов, кто-то, будет внедрен в круги разработчиков Биткойна с единственной целью — посеять непоправимый хаос, — сдела-

ет именно то, что произошло. Внедрение ошибки тихой инфляции. Потому что именно это уничтожит одно из основных преимуществ Биткойна перед существующей финансовой системой...

Повторюсь, я не утверждаю, что в случае с PR 9049 дело обстоит именно так. Я считаю, что более вероятным объяснением является молодой, самоуверенный разработчик Core, новый «хозяин вселенной», который сеет хаос из-за своей самонадеянности и высокомерия.[4]

Awemany обнаружил эту ошибку в сентябре 2018 года. Несмотря на враждебное отношение разработчиков Core в течение многих лет, он решил сообщить им об ошибке в частном порядке и не использовать ее для получения финансовой выгоды. Он мог серьезно повредить репутации Bitcoin Core — и доверие к BTC — но решил этого не делать. Его доброжелательность не была возвращена, и вместо благодарности его помощь было встречена еще большей критикой, а лица, причастные к происходящему, отказались взять на себя ответственность за катастрофический баг. Он написал:

Я до сих пор не видел ничего похожего на признание несовершенства разработчиком, о котором идет речь, или любым другим известным разработчиком Core, если на то пошло.

После этого события максималисты по-прежнему отказывались выразить Awemany заслуженное уважение, но это событие прекратило заявления о том, что Bitcoin Core обладает монополией на всех компетентных разработчиков.

22

Свобода для инноваций

Форк от Bitcoin Core позволил разработчикам Bitcoin Cash улучшить не только ограничение размера блоков. Другие функции, заложенные Сатоши в первоначальный дизайн, были восстановлены, а другие инновации улучшили возможности BCH по созданию смарт-контрактов, беспрепятственной эмиссии токенов и обеспечению максимальной конфиденциальности транзакций. Предприниматели и разработчики теперь имеют в своем распоряжении больше инструментов, позволяющих им создавать продукты непосредственно на основе Биткойна, не беспокоясь о том, что они сломаются из-за экстремальных ограничений на размер блоков.

Восстановление и улучшение

Разработчики Bitcoin Cash быстро сняли некоторые ненужные ограничения, наложенные на Биткойн. Программное обеспечение функционирует с помощью кодов операций («опкодов») для создания и обработки транзакций. Один из таких кодов, «OP_RETURN», уже упоминался в главе 14. OP_RETURN позволяет добавлять данные в блокчейн простым и масштабируемым способом. В BCH размер OP_RETURN был увеличен в три раза, что позволило использовать его гораздо проще. Различные компании уже использовали эту функцию для создания интернет-сервисов нового поколения, таких как децентрализованные платформы социальных сетей.

В начале истории Биткойна некоторые из оригинальных опкодов Сатоши были деактивированы в качестве меры предосторожности, но разработчики Core так и не удосужились пересмотреть или снова активировать их. В мае 2018 года разработчики Bitcoin Cash успешно восстановили некоторые из них, расширив функциональность. Они также добавили совершенно новый опкод под названием OP_CHECKDATASIG, который позволяет программе включать данные, находящиеся не только на блокчейне, для использования в смарт-контрактах[1]. С тех пор было добавлено еще больше опкодов, включая множество новых «нативных опкодов интроспекции», которые в совокупности значительно повышают сложность системы смарт-контрактов BCH и помогают сделать код проще, компактнее, эффективнее и мощнее.

Освободившись от дорожной карты Bitcoin Core, разработчики BCH наконец-то смогли вернуться к первоначальному фокусу и назначению Биткойна: как цифровой платежной системы. Спорная функция Replace-By-Fee (RBF), позволявшая легко отменять транзакции с нулевым подтверждением, была удалена, что сделало мгновенные транзакции гораздо более надежными для магазинов и платежных процессоров.

Биткойн сложен, и чем сложнее он становится, тем труднее создавать кошельки и другие инструменты. RBF добавил ненужные сложности, но они меркнут по сравнению с изменениями, внесенными Segwit. Среди прочих сложностей Segwit использовал новый формат адресов, что привело к трудностям при совершении операций между кошельками, которые не поддерживали Segwit и новый формат. Большинство крупных блокчейнов считали Segwit излишне сложным и не подходящим для масштабирования, поэтому, когда произошло разделение Bitcoin Cash, они намеренно сделали форк до того, как Segwit был активирован, чтобы не пришлось удалять его из кодовой базы. Это решение оказалось мудрым. Разработчики, магазины и пользователи Bitcoin Cash остались совершенно незатронутыми сложностью, которую привнес Segwit.

Безопасность и конфиденциальность

Количество компьютерной мощности, необходимой для добычи Биткойна, является важной частью безопасности системы. Если майнинг будет слишком легким, злоумышленникам будет проще нарушить работу сети. Если майнинг будет слишком сложным, то блоки будут добываться слишком долго, что замедлит время подтверждения и скорость обработки. Этот уровень сложности регулируется для поддержания эффективности системы, но иногда он оказывается непоследовательным. Поэтому для большей стабильности был добавлен алгоритм корректировки сложности (DAA), модернизированный в 2020 году. После введения нового алгоритма сеть стала работать еще более стабильно.

Конфиденциальность всегда является некоторой проблемой для блокчейна, поскольку каждая транзакция является публичной. Но время от времени появляются новшества, которые дают пользователям немного больше конфиденциальности в их транзакциях. Подписи Шнорра — одна из таких инноваций, которая улучшает методы криптографии, используемые в Биткойне. Технология обладает рядом преимуществ по сравнению со старым методом подписи, например, решает давнюю проблему нестабильности транзакций. Но самое важное для конфиденциальности — она позволяет нескольким сторонам создавать совместную транзакцию, используя только одну подпись. Это означает, что внешний наблюдатель, просматривающий блокчейн, увидит одну транзакцию и не сможет легко распознать, что в ней участвовали несколько сторон, что обеспечивает всем участникам более высокий уровень конфиденциальности.

Это обновление привело к созданию CashFusion, протокола конфиденциальности, который делает именно то, что описано выше, в дополнение к другим методам повышения конфиденциальности. В 2020 году компания Kudelski Security провела независимый аудит безопасности CashFusion и пришла к следующему выводу:

> В целом, мы считаем, что CashFusion решает существующую проблему управления анонимными транзакциями в Bitcoin Cash, сочетая разумный компромисс с безопасностью... В целом, мы считаем, что CashFusion предлагает практичный способ рекомбинировать фрагментированные анонимные транзакции безопасным способом, не позволяя серверу украсть средства или деанонимизировать пользователей.[2]

На момент написания статьи этот протокол использовался для совершения более чем 190 000 транзакций на общую сумму более 17 миллионов BCH в сети.[3]

Серьезные масштабы

Bitcoin Cash уже может поддерживать гораздо больше транзакций, чем ограниченный блокчейн Bitcoin Core, но разработка, целью которой является достижение статуса мировой цифровой валюты, продолжается. Есть несколько предложений, которые получили определенную поддержку сообщества, хотя нет уверенности, что они войдут в код. Некоторые из них представляют собой незначительные изменения, направленные на повышение безопасности системы, но одно из предложений, CashTokens, сделает возможным написание смарт-контрактов на BCH. Если технология будет работать, как обещано, CashTokens позволит создавать децентрализованные приложения на BCH, аналогично тому как это работает в сети Ethereum, с дополнительной масштабируемостью больших блоков Биткойна.

Исследователи уже давно занимались вопросом расширения границ масштабирования ончейн. Bitcoin Cash уже имеет ограничение на размер блока в 32 МБ, но этого явно недостаточно для глобального принятия. Еще в 2017 году доктор Питер Ризун использовал «тестовую сеть» BCH — песочницу для тестирования без влияния на основную цепочку — и успешно добыл блок размером 1 ГБ.[4] Учитывая темпы развития компьютерных технологий, заявление Сатоши о том, что «он никогда не достигнет потолка масштаба», выглядит правдоподобно. В самом деле, один исследователь хотел проверить, сможет ли Raspberry Pi 4 — чрезвычайно маленький и дешевый одноплатный компьютер — проверить блок размером 256 МБ менее чем за десять минут. На это ушло менее двух минут.[5]

Вопреки утверждениям сторонников Bitcoin Core, оригинальный Биткойн обладает замечательными возможностями к масштабированию, и это наконец-то реализовано в сети Bitcoin Cash. Сейчас майнеры могут самостоятельно увеличивать лимит размера блока. Если большая часть хешрейта захочет увеличить лимит в три раза, они могут просто изменить настройки в программном обеспечении BCH, и им не нужно получать на это разрешение от централизованной группы разработчиков. В настоящее время обсуждается вопрос о том, можно ли, наконец, полностью отменить ограничение размера блока, как это было задумано Майком Хирном и Гэвином Андресеном несколько лет назад. Несмотря на то, что технология была разработана еще в 2009 году, Биткойн с большими блоками остается одной из самых масштабируемых — если не самой масштабируемой — криптовалют в мире.

У каждой криптовалюты есть сторонники, которые громко заявляют, что их монета лучше по тем или иным причинам. Вместо того чтобы приводить абстрактные аргументы или заниматься маркетингом, я настоятельно рекомендую читателям самим поэкспериментировать с Bitcoin Cash. Комиссии чрезвычайно низкие, а это значит, что вы не потеряете кучу денег, оплачивая комиссии за транзакции. Мы проделали огромную работу над нашим кошельком Bitcoin.com, который можно загрузить в App Store, и пользователи могут сами начать использовать Биткойн, каким задумывал его Сатоши, с копеечными комиссиями и мгновенными транзакциями. Пользовательский опыт настолько замечателен по сравнению с другими проектами, что говорит сам за себя.

23

Другие форки

Bitcoin Cash — не идеальная криптовалюта, и вокруг нее нет идеального сообщества. По-прежнему существуют реальные проблемы, с некоторыми из которых можно только справиться, но не решить до конца. Хотя это и потрясающая технология, она не решила сложные социальные проблемы, которые возникают, когда большое количество людей работает вместе над проектом, вопросы о надлежащем управлении проектом не исчезли. Проблемы, от которых мы ушли с помощью форка от Bitcoin Core, в меньшей степени, но всё же появились в Bitcoin Cash. В результате с момента отделения от BTC в 2017 году произошло еще два форка. Ни один из форков не был мотивирован в первую очередь технологическими спорами, а скорее личностными качествами участников. С моей точки зрения, наименее привлекательной частью Bitcoin Cash является тот факт, что эти расколы произошли и еще больше раскололи сообщество сторонников блокчейна с большими блоками. Несмотря на эту серьезную проблему, форки также продемонстрировали, что сообщество Bitcoin Cash не потерпит попыток захвата протокола, в отличие от того, что произошло с Bitcoin Core.

Форки по своей сути не являются чем-то плохим. Оглядываясь назад, можно сказать, что Биткойну было бы лучше отделиться от Core на несколько лет раньше. Когда в сообществе возникают непримиримые разногласия, форкинг — это способ для каждой стороны развивать свой собственный проект независимо. Это похоже на эволюционный процесс, когда различные группы разветвляются, чтобы найти свою собственную уникальную форму. Если они вносят положительные изменения, то их проекты имеют больше шансов на успех; если они вносят отрицательные изменения, то их проекты естественным образом угасают. Однако за эти форки приходится платить, поскольку они неизбежно разбивают сетевой эффект на более мелкие части, а сетевой эффект — это огромная часть успеха любой криптовалюты. Форки также уменьшают количество талантов и энергии внутри проекта, и, похоже, они неизбежно вызывают горечь и жесткую конкуренцию между лагерями — от чего проекты теряют энергию и фокус. Магазины тоже могут пострадать от форков, так как часто возникают ссоры, и им приходится решать, принимать ли чью-то сторону или оставаться нейтральными.

Форки могут быть очень ценными, если они необходимы, но они могут быть и очень вредными. Итак, учитывая происходящее, что же произошло, что вызвало два новых форка в сообществе сторонников больших блоков? История похожа на ту, что произошла в BTC: несколько лидеров-самозванцев попытались взять полный контроль над разработкой программного обеспечения, но на этот раз обе попытки провалились — к сожалению, не без того, чтобы еще больше расколоть сеть.

«Видение Сатоши»

Сторонники больших блоков наконец-то объединились вокруг Bitcoin Cash после отделения от BTC в 2017 году. Мы все признавали гениальность первоначального дизайна и хотели освободиться от Bitcoin Core, чтобы немедленно масштабировать технологию. Однако дискуссии о масштабировании не исчезли. Как быстро и до какого уровня следует увеличивать лимит размера блоков?

Первый раскол произошел между различными реализациями Bitcoin Cash. Самой популярной реализацией оставалась Bitcoin ABC, возглавляемая Амаури Сеше, главным программистом, стоявшим за форком BCH в 2017 году. Но некоторым показалось, что дорожная карта Bitcoin ABC была слишком сдержанной и недостаточно агрессивной. Поэтому была сформирована отдельная команда разработчиков под названием «Bitcoin SV». Буквы «SV» означают видение Сатоши — поскольку они утверждали, что реализуют видение создателя Биткойна. Хотя это и было похвально, положение осложнялось тем, что руководителем был человек, который утверждал, что на самом деле он является самим Сатоши: Крейг С. Райт (CSW).

Крейг Райт (CSW, как его часто называют) — уникальный персонаж, и большинство людей крайне скептически относятся к его заявлениям. Однако некоторое время я думал, что он действительно может быть Сатоши. Я очень уважаю Гэвина Андресена, а Гэвин однажды заявил, что считает Крейга Сатоши, хотя и не может быть в этом уверен. После того как несколько других уважаемых умов в Биткойн-сообществе сделали аналогичные заявления, я доверился их мнению — способствовало и то, что Крейг был сторонником больших блоков, и знал, что Биткойн обладает потенциалом для огромного масштабирования. Однако с тех пор из-за его заявления о том, что он является Сатоши, разгорелось огромное количество споров, а доказательства, которые он публично представил, вызывают серьезные подозрения. Независимо от того, правдивы его заявления или нет, он смог успешно сплотить сообщество людей вокруг своего видения будущего Биткойна. Одним из видных сторонников Bitcoin SV был Кельвин Эйр, успешный бизнесмен с опытом работы в сфере онлайн-гемблинга, который в итоге предоставил финансовые ресурсы для разработки программного обеспечения Bitcoin SV.

К сожалению, некоторые технические детали Bitcoin SV и Bitcoin ABC оказались несовместимыми, и похоже, что ни одна из сторон не стремилась к компромиссу. Поэтому в августе 2018 года группа майнеров и предпринимателей встретилась в Таиланде, чтобы понять, можно ли избежать очередного раскола. На тот момент я считал, что реализация Bitcoin ABC более перспективна, но я оптимистично полагал, что мы найдем общий язык. Я принял участие в конференции и говорил с Айром за ужином в ночь перед конференцией. Но на следующее утро я был расстроен, обнаружив, что СМИ Айра опубликовали статью, в которой утверждалось, что все майнеры, присутствовавшие на конференции, согласились использовать реализацию SV — хотя обсуждение еще даже не началось! Мое недоверие возросло, когда всего через несколько часов CSW неожиданно покинул конференцию, сделав невозможным дальнейшее обсуждение или компромисс. Эта нечестная тактика оставила неприятное впечатление.

В течение следующих нескольких месяцев между лагерями нарастало ожесточение. Очередной спорный хардфорк выглядел вполне вероятным, хотя на этот раз было неясно, как он будет разрешен. Биткойн SV и Биткойн ABC были совместимы друг с другом до тех пор, пока одна из сторон не вносила фундаментальные изменения в свое программное обеспечение, и даже после этого две несовместимые реализации не обязательно привели бы к созданию двух отдельных блокчейнов. Другая возможность заключалась в том, что при достаточном хэшрейте одна из сторон могла полностью победить другую, при этом цепочка меньшинства была бы полностью уничтожена. Хотя такой исход кажется более разрушительным, он может быть предпочтительным, поскольку в сценарии «победитель получает все» победитель сохраняет все существующие сетевые эффекты. Если же появляются два отдельных жизнеспособных блокчейна, это означает, что существующие сетевые эффекты разделятся между ними, и в результате борьбы появятся две отдельные монеты. Такую конкуренцию называют «хэш-войной», поскольку борьба идет за то, кто сможет заручиться поддержкой наибольшего числа майнеров.

Впечатление было таким, будто Биткойн ABC и Биткойн SV столкнулись, чтобы вести хэш-войну. Поскольку я всегда ориентировался на использование Биткойна для платежей, я знал, что доверие к Bitcoin Cash может пострадать, если в сети произойдут значительные сбои. Поэтому я потратил более миллиона долларов на аренду оборудования для майнинга, чтобы гарантировать, что ABC обеспечит больше хэшрейта, чем SV. В качестве дополнительной меры предосторожности Амори Сеше добавил код, который предотвращал реорганизацию цепочки ABC размером более десяти блоков. Однако этот код так и не был введен в действие, поскольку цепочка ABC накопила больше хэшрейта, чем цепочка SV, и обе стороны в итоге стали существовать как отдельные сети. В итоге Bitcoin SV создала новую монету, получившую тикерный символ «BSV». Хотя я и был доволен тем, что моя сторона выиграла битву — и мы успешно избавились от крайне конфликтного Крейга Райта, — победа досталась ценой еще большего сокращения размера нашей сети. После раскола BSV комьюнити, работающее с большими блоками, больше не было объединено вокруг одного проекта.

С момента раскола в ноябре 2018 года BSV все больше отстает

от BCH по цене и хэшрейту. В результате их стратегия, похоже, сменилась на попытки запатентовать Биткойн и начать судебные иски. Крейг неоднократно подавал на меня в суд, как и на многих других представителей криптовалютной индустрии. Эта тактика получила широкое осуждение, и в результате BSV имеет одну из самых плохих репутаций в криптовалютном сообществе. Большинство бирж запретили монету BSV на своих платформах, что еще больше препятствует ее принятию. Хотя я полностью поддерживаю и поощряю конкуренцию между проектами, я считаю невозможным игнорировать тот факт, что руководство BSV решило использовать правовую систему как инструмент для преследования и причинения вреда людям, в том числе и мне. В феврале 2023 года Гэвин Андресен обновил свой личный блог, написав заметку для читателей. В верхней части своей знаменитой статьи 2016 года, в которой объяснялось, почему он считает Крейга Сатоши, он добавил:

> Я не верю в переписывание истории, поэтому оставлю этот пост. Но за семь лет, прошедших с момента его написания, многое произошло, и теперь я понимаю, что было ошибкой доверять Крейгу Райту настолько, насколько я доверял. Я сожалею, что втянулся в игру «кто же такой Сатоши?», и отказываюсь играть в эту игру дальше.[1]

ABC, еще одно Bitcoin Core?

Каждый сторонник больших блоков видел, что модель финансирования разработчиков Bitcoin Core была нарушена. Blockstream коррумпировал нескольких ключевых программистов, которые работали в условиях конфликта интересов. Однако то, что мы видим проблемы в Bitcoin Core, не означает, что мы нашли идеальное решение в Bitcoin Cash. До сих пор остаются нерешенными вопросы о наилучшем механизме финансирования разработки. Эти вопросы периодически всплывают с 2017 года, и в итоге они привели к очередному расколу в 2020 году.

Амори Сеше был ведущим разработчиком Bitcoin ABC, который был ведущей программной реализацией BCH до 2020 года. Сеше имел репутацию технически грамотного специалиста, однако его лидерские качества на протяжении многих лет ставились под сомнение. Криптовалютная индустрия — это сложная смесь людей и компьютеров; хорошие лидеры должны обладать как мягкими, так и жесткими навыками. По каким-то причинам эта отрасль привлекает работников, которые либо очень хорошо разбираются в людях, либо очень хорошо разбираются в компьютерах, но редко и то, и другое. У Сеше сложилась репутация человека, с которым трудно работать, и он часто выражал недовольство объемом финансирования, которое получала компания ABC.

В 2019 году в BCH был поднят вопрос о финансировании разработчиков, и сообщество отреагировало на него сбором средств, в результате которого различным командам было пожертвовано более 800 BCH. Я лично пожертвовал миллионы долларов различным командам за эти годы, включая около 500 000 долларов в Bitcoin ABC. В начале 2020 года эта проблема возникла вновь.

В ответ на это группа майнеров, представляющих большинство хэшрейта, предложила «План финансирования инфраструктуры» (IFP), согласно которому 12,5% вознаграждения за блок в течение шести месяцев будут направлены в фонд, предназначенный для развития. Фонд будет контролироваться независимой корпорацией в Гонконге, и по их первоначальным оценкам, IFP позволит собрать около $6 млн. Майнеры описали свое предложение в статье:

a) Не существует голосования «мастернод» или любого другого голосования. Это решение майнеров о прямом финансировании разработки.

b) Инициатива рассчитана на 6 месяцев (с 15 мая 2020 года по 15 ноября 2020 года).

c) Инициатива находится под руководством и контролем майнеров, которые в любой момент могут отказаться от продолжения.

d) Это не изменение протокола. Вместо этого майнеры решают, как потратить вознаграждение coinbase и на каких блоках.[2]

Мне это показалось отличным планом, поскольку майнеры организовывали его между собой, и он был временным. Но реакция более широкого сообщества Bitcoin Cash была неоднозначной. Некоторые посчитали, что 12,5% — это слишком много, а другие справедливо отметили, что майнеры нечетко описали детали того, как именно будут распределяться средства.

После некоторого обсуждения Bitcoin ABC добавила код для IFP в свое программное обеспечение, приняв компромиссное решение: вознаграждение будет снижено до 5%, и определенное число майнеров должно будет согласиться, прежде чем изменение будет активировано. Если майнеры не проголосуют, то изменение будет отменено.

Идея оказалась непопулярной и вызвала создание конкурирующей программной реализации под названием Bitcoin Cash Node (BCHN), которая не поддерживала IFP. Команда BCHN также предоставила альтернативу лидерству Амори Cеше, которое ослабло после нападок и отчуждения людей вокруг него. В условиях растущей поддержки майнеров BCHN и уменьшения поддержки ABC и Сеше, IFP потерпела неудачу.

В ответ на это Сеше в августе 2020 года объявил, что в ноябре этого года Bitcoin ABC внедрит новую версию IFP. Его новая версия изменила некоторые ключевые параметры: процент вознаграждения за блок, идущий на развитие, был увеличен с 5 до 8%, стал постоянным, не требовал порога майнеров для активации, и, что, возможно, самое возмутительное, средства будут отправляться на один адрес, контролируемый самим Сеше или кем-то, тесно связанным с ним. Другими словами, Амори Сеше решил, что его реализация Bitcoin ABC должна бесконечно финансироваться прямо из вознаграждения за блокчейн BCH. Даже Bitcoin Core не был настолько наглым!

В статье, объявляющей о новом плане, Сеше дал понять, что ему все равно, кто с ним не согласен. План будет реализован без обсуждения:

> Хотя некоторые могут предпочесть, чтобы Bitcoin ABC не вводил это улучшение, это объявление не является приглашением к дискуссии. Решение уже принято и будет активировано в ноябрьском обновлении.[3]

Большая часть сообщества Bitcoin Cash была возмущена. Bitcoin ABC хотела позиционировать себя как Blockstream / Bitcoin Core 2.0 и обеспечить себе 8% вознаграждения за блокчейн на неопределенный срок в будущем — отличная финансовая возможность, если сеть BCH позволит это сделать. Исследователь д-р Питер Ризун прямо написал: «Амори Сеше буквально модифицирует протокол BCH, чтобы выпускать монеты для себя и своих друзей».[4]

Еще большее разочарование выразили коллеги по разработке BCH, например Джонатан Тумим:

> В течение 3 лет Амори Сеше был самым продуктивным разработчиком полных узлов BCH. Это было так, потому что, будучи главным разработчиком Bitcoin ABC, он имел

возможность помешать кому-либо другому сделать что-либо значительное.[5]

Несмотря на критику, Сеше не отступал, и его новый код был включен в Bitcoin ABC, запуск которого был запланирован на ноябрь 2020 года. Таким образом, спустя три года после раскола Bitcoin Core, в результате которого BCH стал меньшей цепочкой и был вынужден создавать свои сетевые эффекты с нуля, аналогичная ситуация возникла вновь. Если бы Сеше удалось эффективно захватить Bitcoin Cash, признаюсь, я бы стал крайне пессимистично относиться к жизнеспособности Биткойна с большими блоками — не по техническим причинам, а потому что это продемонстрировало бы системную уязвимость для захвата разработчиками.

Однако, к моей радости, сообщество Bitcoin Cash и майнеры отразили попытку захвата. Больше хэшрейта перешло на BCHN, а когда наступил ноябрь, Bitcoin ABC не смог заручиться достаточной поддержкой и отделился от основной сети. Амори Сеше был уволен, а его проект получил новое название «eCash», который существует на отдельном блокчейне.

С одной стороны, эти форки пагубно влияют на непрерывный рост Bitcoin Cash. Каждый раз, когда происходит спор и раскол, сеть сокращается, пользовательский опыт ухудшается, а талантливые люди уходят из-за споров. Однако, с другой стороны, Bitcoin Cash успешно уволил команду разработчиков, которая пыталась захватить протокол в своих корыстных целях. Это отличный знак. Теперь Bitcoin Cash свободен от Blockstream, Крейга Райта и недовольного Амори Сеше. Я бросаю вызов любому, кто найдет блокчейн более устойчивый к захвату со стороны разработчиков.

24

Заключение

Мы находимся в самом начале денежной революции. С исторической точки зрения блокчейн все еще остается совершенно новым изобретением, и, как любая новая мощная технология, он может сделать мир значительно лучше или хуже. Если мы не будем осторожны, его могут захватить и использовать для отслеживания переводов и контроля над людьми на беспрецедентном уровне. Но если мы раскроем его потенциал во благо, это начнет новую эру надежных денег, личной свободы и процветания. Преимущества надежных цифровых денег огромны — так же, как и риски, связанные с ненадежными цифровыми деньгами. Если я чему-то и научился за последнее десятилетие, так это тому, что эта сила не осталась незамеченной. Политический и финансовый истеблишмент обратил внимание на Биткойн и другие криптовалюты, потому что они представляют собой экзистенциальную угрозу текущему положению вещей.

Если операция не является прямой, она требует участия третьих сторон, а старая финансовая система в значительной степени состоит из третьих сторон — банков, платежных процессоров, компаний, выпускающих кредитные карты, регулирующих органов и центральных банков, манипулирующих денежной массой. Посредники присутствуют повсюду, получая ту или иную прибыль от каждой транзакции, к которой они прикасаются. Версия Биткойна Сатоши, используемая для повседневной торговли, с большими блоками и всеобщим доступом к блокчейну, обходит этих посредников. Версия Bitcoin Core этого не делает. Фактически, BTC теперь, чтобы функционировать для обычных людей, зависит от старой системы. Даже Lightning Network зависит от доверенных третьих лиц, поскольку почти все вынуждены пользоваться кастодиальными кошельками, которые представляют собой просто остатки на счетах, хранящихся в какой-либо компании. В этом нет ничего революционного. В конце 2021 года Cointelegraph написал статью, которая наглядно демонстрирует этот момент:

> Южнокорейская криптовалютная биржа Coinone объявила о том, что с января больше не будет разрешать вывод токенов на непроверенные внешние кошельки...
>
> Coinone сообщила, что у пользователей будет время с 30 декабря по 23 января, чтобы зарегистрировать свои внешние кошельки на бирже, после чего она ограничит вывод средств. Биржа уточнила, что пользователи криптовалют могут регистрировать только свои собственные кошельки, а процесс верификации «может занять некоторое время» и может измениться в будущем.
>
> По словам представителей Coinone, они планировали проверять имена пользователей и регистрационные номера резидентов, которые выдаются всем жителям Южной Кореи, чтобы убедиться, что криптовалютные транзакции

«не используются для незаконной деятельности, такой как отмывание денег».[1]

В мире наблюдается тенденция, когда компании вынуждены соблюдать правила, полностью лишающие их клиентов конфиденциальности. Один из способов борьбы с этой тенденцией — поддерживать использование транзакций без посредников и не использовать кастодиальные кошельки. Однако это невозможно, если используемая криптовалюта не масштабируется, чтобы позволить всем желающим получить доступ к блокчейну.

Возможно, мы никогда не узнаем истинную причину решения Bitcoin Core переделать дизайн Сатоши. Возможно, это произошло из лучших побуждений. Может быть, это произошло потому, что Core была захвачена. Как бы то ни было, результат один и тот же: версия Биткойна с малыми блоками, которая значительно меньше влияет на ситуацию в мире. Если заинтересованные стороны и не коррумпировали Биткойн напрямую, они, безусловно, извлекают выгоду из его коррупции. То же самое можно сказать и о безудержной цензуре в интернете, повсеместном контроле информации и социальной медиаинженерии, которые окружают эту тему — даже если оппозиция не создала ее, она, безусловно, получает от нее выгоду.

Нахождение баланса

Биткойнеры первого поколения, такие как я, которые хотели, чтобы Биткойн получил широкое распространение в качестве системы электронных денег без посредников, пока что потерпели неудачу. Однако на наших ошибках можно учиться. Идея быстрой, дешевой, надежной и защищенной от инфляции цифровой валюты все еще жива, но для ее воплощения в жизнь нужна сеть людей. Одно лишь программное обеспечение не может улучшить мир; люди по-прежнему необходимы!

Следующее поколение энтузиастов цифровой валюты должно будет обладать более сложной философией, чем та, что была у нас в начале пути. Чтобы создать такую философию, мы должны начать с анализа различных напряжений, которые существуют между системами. Каждый криптовалютный проект сталкивается с бесконечным списком проблем, и эти проблемы никогда не имеют идеальных решений. Вместо этого существуют компромиссы, которые необходимо уравновешивать. Анализ этих компромиссов очень важен для улучшения нашего общего понимания.

Первый компромисс заключается в том, чтобы сосредоточить наши усилия на одном криптовалютном проекте или на нескольких. По большому счету, конкуренция между несколькими проектами — это хорошо. Мы никогда не должны присягать на верность какой-либо конкретной монете. Однако наше время, внимание и ресурсы ограничены. Если какая-либо криптовалюта собирается конкурировать с существующими финансовыми системами, нам необходимо координировать свои действия друг с другом. Чем больше координации будет в одном проекте, тем сильнее он станет со временем. Если каждый будет строить свою сеть, ни одна из этих сетей не добьется успеха. Именно поэтому я сейчас сосредоточен в первую очередь на Bitcoin Cash, потому что знаю, что лежащая в ее основе технология может масштабироваться, и она уже прошла испытания в реальном мире. Пока не появятся четкие доказательства того, что существует действительно лучший вариант, а не просто теоретическая возможность его появления, я буду продолжать продвигать BCH как наиболее перспективную криптовалюту для превращения в цифровую валюту.

Аналогичное противоречие существует между необходимостью иметь несколько программных реализаций и потребностью в сильном, компетентном руководстве. Взлом Bitcoin Core и попытка взлома Bitcoin Cash продемонстрировали, что одной команде разработчиков нельзя доверять бесконечно. Биткойн должен оставаться отдельным от любой конкретной реализации. Однако это не означает, что каждый разработчик должен создавать свою отдельную реализацию. Компетентные лидеры должны иметь вокруг себя команду, которая соблюдает профессиональную иерархию, как предлагает Майк Хирн. Наличие ведущей реализации — это хорошо, если система остается меритократической. В противном случае она превратится в очередной случай захвата со стороны разработчиков.

То же самое можно сказать и о спорных хардфорках. С одной стороны, возможность форка является важной частью управления Биткойном. С другой стороны, форки чрезвычайно разрушительны и наносят ущерб сетевому эффекту. Они должны оставаться крайним средством, иначе сообщество само себя перечеркнет. Майк Хирн прокомментировал некоторые из этих идей в замечательном Q&A в 2018 году. Когда его спросили о сообществе и структуре разработки Bitcoin Cash, он ответил следующее:

> Я считаю, что Bitcoin Cash сильно напоминает Биткоин-сообщество 2014 года. Это нехорошо. Тот эксперимент был выполнен, и он не удался. Заманчиво полагать, что то, что произошло, было случайным разовым явлением, но я так не думаю. Я думаю, что это было неизбежно, учитывая структуру и психологический портрет сообщества в то время.
>
> Поэтому просто пытаться „вернуться на прежний путь“, как мне кажется, недостаточно. Если бы я мог донести до вас одно послание на этой сессии, то оно было бы таким: будьте смелее. Будьте готовы признать, что случившееся — нечто больше, чем невезение.[2]

История в очередной раз доказала правоту Хирна, и с тех пор, как он написал эти комментарии, BCH раскололся еще два раза. Еще один раскол может оказаться катастрофическим. Эти базовые структурные проблемы должны быть исправлены. Один из способов — сократить количество критических параметров, которые контролируют разработчики. Например, всей драмы вокруг ограничения размера блоков можно избежать, просто убрав это ограничение и позволив майнерам самим определять размер блоков для добычи. Чем больше решений мы сможем передать в руки майнеров и предприятий, а не разработчиков протоколов, тем лучше.

Более того, успешный проект должен демонстрировать стабильность с течением времени. Добавление новых функций может быть привлекательным, особенно для программистов, но за это приходится платить стабильностью. Бизнесы просто не могут строить на нестабильных платформах, а если используемая ими платежная технология меняется каждые несколько месяцев, это быстро превращается скорее в хлопоты, чем в выгоду. Глобальная цифровая кассовая система должна быть надежной. Как только основные функции установлены, они не должны меняться без крайней необходимости. Существует множество других криптовалют, которые пытаются быть похожими на Ethereum и предоставить универсальную платформу для смарт-контрактов и других сложных функций. Но не каждая монета должна быть похожа на Ethereum; нам нужно, чтобы какой-то проект (проекты) сосредоточился на простых, не требующих усилий денежных транзакциях, которые могут достичь глобального масштаба.

Стоит обратить внимание еще на одну особенность, присущую только Биткойну. Как у BTC, так и у BCH вознаграждение за блок со временем уменьшается, а это значит, что вскоре майнеры будут получать большую часть своего дохода от комиссий за транзакции, а не от вновь добытых монет. Это представляет серьезную проблему для BTC из-за небольших блоков, где высокие комиссии необходимы для поддержания безопасности. Но майнеры BCH по-прежнему будут иметь простой механизм получения прибыли благодаря оригинальному замыслу Сатоши. Просто увеличивая базу пользователей и обрабатывая больше транзакций, они смогут получать хорошие деньги. Например, если полмиллиарда человек совершают операции с Bitcoin Cash дважды в день, это один миллиард ежедневных транзакций. При комиссии в 0,01 доллара за транзакцию это составляет около 10 миллионов долларов в день, или более 3,5 миллиарда долларов в год, которые распределяются между майнерами. Это является отличным стимулом для бесконечного масштабирования сети.

Стремление к свободе

Криптовалютная индустрия печально известна своей токсичностью и разногласиями, когда конкурирующие проекты рассматриваются как смертельные враги. Но в целом большинство из нас на одной стороне. Мы хотим больше человеческой свободы и меньше централизованного контроля над нашей жизнью. Мир готов к электронным деньгам без посредников. История Bitcoin Core — несмотря на многочисленные фактические ошибки — вдохновила миллионы людей, которые жаждут разделения денег и государства. Концепция цифрового золота оказалась популярной; подождите, пока люди поймут, что могут иметь цифровое золото и цифровые деньги одновременно, в одной сети, с одной и той же валютой.

Большинство людей просто не знают историю Bitcoin Core. Они не знают, что блокчейн может отлично масштабироваться и что сеть Bitcoin была намеренно перестроена так, чтобы повысить комиссии. Они не знают, что Blockstream получает прибыль, перенаправляя трафик на свой собственный блокчейн. Они не знают о неудачах сети

Lightning и неизбежном распространении кастодиальных кошельков. Они не знают, что информация, которую они получают в Интернете, годами жестко контролировалась и подвергалась цензуре, чтобы продвигать единый, доминирующий нарратив. Но они полностью поддерживают идею надежных цифровых денег, не контролируемых централизованной властью — прекрасное видение, которое просто невозможно реализовать в сети BTC. Так что в каком-то смысле, несмотря на широко распространенную дезинформацию, самое сложное уже сделано. Переход с одного блокчейна на другой — это просто, по сравнению с тем, что нужно сначала понять идею криптовалюты.

Последнее десятилетие было наполнено вихрем событий для меня лично. Я видел рождение прорывной технологии и ее последующее разрушение. Я помог посадить семена зарождающейся индустрии, видел, как они растут, и по пути обрел друзей на всю жизнь. За мой энтузиазм в продвижении Биткойна у меня появилось прозвище «Биткойн Иисус», а спустя несколько лет за ту же самую идею меня стали называть «Биткойн Иуда». Я наблюдал, как стоимость моих активов растет и падает на миллионы процентов.

Это было поистине невероятное путешествие. Я надеюсь, что через тридцать лет станет ясно, что физические, умственные, финансовые и эмоциональные инвестиции, вложенные в эту индустрию, сделали мир значительно лучше. Успех Биткойна и криптовалют должен измеряться не тем, насколько дороги монеты, и не тем, насколько богатыми стали ранние инвесторы, а тем, насколько свободнее стал мир благодаря использованию этой замечательной новой технологии.

Примечания

1. Изменение видения

1 How Digital Currency Will Change The World", Coinbase, August 31, 2016, https://blog.coinbase.com/how-digital-currency-will-changethe-world-310663fe4332

2 DishPash, "Peter Wuille. Deer caught in the headlights.", Reddit, December 8, 2015, https://www.reddit.com/r/bitcoinxt/comments/3vxv92/ peter_wuille_deer_caught_in_the_headlights/cxxfqsj/

3 Chakra_Scientist, "What Happened At The Satoshi Roundtable", Reddit, March 4, 2016, https://www.reddit.com/r/Bitcoin/ comments/48zhos/what_happened_at_the_satoshi_roundtable/d0o5w13/

4 Gregory Maxwell, "Total fees have almost crossed the block reward", Bitcoin-dev mailing list, December 21, 2017, https://lists.linuxfoundation.org/pipermail/bitcoin-dev/2017-December/015455.html

5 CoinMarketSwot, "Hey, do you realize the blocks are full? Since when is this?", Reddit, February 14, 2017, https://www.reddit.com/r/btc/ comments/5tzq45/hey_do_you_realize_the_blocks_are_full_since_when/ ddtb8dl/

2. Основы Биткойна

1 "Bitmain Chooses Rockdale, Texas, for Newest Blockchain Data Center", Business Wire, August 6, 2018, https://www.businesswire.com/ news/home/20180806005156/en/Bitmain-Chooses-Rockdale-TexasNewest-Blockchain-Data

2 Satoshi, "Re: Scalability and transaction rate", Bitcoin Forum, July 29, 2010, https://bitcointalk.org/index.php?topic=532.msg6306#msg6306

3 BITCOIN, "Bitcoin: Elon Musk, Jack Dorsey & Cathie Wood Talk Bitcoin at The B Word Conference", Youtube, July 21, 2021, https://youtu.be/TowDxSHSClw?t=8168

3. Цифровые наличные для платежей

1   Saifedean Ammous, *The Bitcoin Standard*, New Jersey: Wiley, 2018. Description inside back flap.

2   Dan Held (@danheld), Twitter, January 14, 2019, https://twitter.com/danheld/status/1084848063947071488

3   Satoshi Nakamoto, "Bitcoin: A Peer-to-Peer Electronic Cash System", 2008, https://www.bitcoin.com/bitcoin.pdf

4   Samuel Patterson, "Breakdown of all Satoshi's Writings Proves Bitcoin not Built Primarily as Store of Value", SamPatt, June 6, 2019, https:// sampatt.com/blog/2019/06/06/breakdown-of-all-satoshi-writings-provesbitcoin-not-built-primarily-as-store-of-value

5   Satoshi, "Re: Flood attack 0.00000001 BC", Bitcoin Forum, August 4, 2010, https://bitcointalk.org/index.php?topic=287.msg7524#msg7524

6   Gavin Andresen, "Re: How a floating blocksize limit inevitably leads towards centralization", Bitcoin Forum, February 19, 2013, https:// bitcointalk.org/index.php?topic=144895.msg1539692#msg1539692

7   Satoshi, "Re: Flood attack 0.00000001 BC", Bitcoin Forum, August 5, 2010, https://bitcointalk.org/index.php?topic=287.msg7687#msg7687

8   Satoshi Nakamoto, "Bitcoin v0.1 released", Metzdowd, January 16, 2009, https://www.metzdowd.com/pipermail/cryptography/2009-January/015014.html

9   Peter Todd, "How a floating blocksize limit inevitably leads towards centralization", Bitcoin Forum, February 18, 2023, https://bitcointalk.org/index.php?topic=144895.0

10   Satoshi, "Re: Bitcoin minting is thermodynamically perverse", Bitcoin Forum, August 7, 2010, https://bitcointalk.org/index.php?topic=721.msg8114#msg8114

11   Ilama, "Re: Bitcoin snack machine (fast transaction problem)", Bitcoin Forum, July 18, 2010, https://bitcointalk.org/index.php?topic=423.msg3836#msg3836

12   Molybdenum, "CLI bitcoin generation", Bitcoin Forum, May 22, 2010, https://bitcointalk.org/index.php?topic=145.msg1194#msg1194

13   Satoshi, "Re: The case for removing IP transactions", Bitcoin Forum, September 19, 2010, https://bitcointalk.org/index.php?topic=1048. msg13219#msg13219

14   Satoshi, "Re: URI-scheme for bitcoin", Bitcoin Forum, February 24, 2010, https://bitcointalk.org/index.php?topic=55.msg481#msg481

15   Satoshi, "Re: Porn", Bitcoin Forum, September 23, 2010, https:// bitcointalk. org/index.php?topic=671.msg13844#msg13844

16   Satoshi, "Re: Bitcoin mobile", Bitcoin Forum, June 26, 2010, https:// bitcointalk.org/index.php?topic=177.msg1814#msg1814

17   Stephen Pair, Consensus 2017, https://s3.amazonaws.com/media. coindesk. com/live-stream/Day1_Salons34.html

18   This Week in Startups, "E779: Brian Armstrong Coinbase & Tim Draper: crypto matures, ICO v VC, fiat end, bitcoin resiliency", Youtube, November 17, 2017, https://youtu.be/AIC62BkY4Co?t=2168

19   "Bitcoin P2P Cryptocurrency", Bitcoin, January 31, 2009, https:// web. archive.org/web/20100722094110/http://www.bitcoin.org:80/

20   "Bitcoin is an innovative payment network and a new kind of money.", Bitcoin, March 23, 2013, https://web.archive.org/web/20150701074039/ https://bitcoin.org/en/

4. Хранилище стоимости или средство обмена

1   Ammous, *The Bitcoin Standard*, p.212

2   Ammous, *The Bitcoin Standard*, p. 206

3   Saifedean Ammous (@saifedean), Twitter, https://twitter.com/ saifedean/ status/9392176589978542

4   Tuur Demeester (@TuurDemeester), Twitter, May 29, 2019, https:// twitter. com/TuurDemeester/status/1133735055115866112

5   Ludwig von Mises, The Theory of Money and Credit, Germany: Duncker & Humblot, 1912

6   Murray N. Rothbard, What Has Government Done to Our Money?, Alabama: Mises Institute, 2010

7   Satoshi, "Re: Bitcoin does NOT violate Mises' Regression Theorem", Bitcoin Forum, August 27, 2010, https://bitcointalk.org/index. php?topic=583. msg11405#msg11405

8   Tone Vays, "On The Record w/ Willy Woo & Kim Dotcom - Can't All 'Bitcoiner's Just Get Along?", Youtube, January 16, 2020, https://www. youtube. com/watch?v=mvcZNSwQlRU

5. Ограничение размера блока

1   Stephen Pair, Bitcoin.com podcast", Reddit, April 5, 2017, https:// www. reddit.com/r/btc/comments/63m2cp/if_you_told_me_in_2011_that_ we_ would_be_sitting/

2   "Bitcoin transactions", Blockchair, August 18, 2023, https://blockchair. com/bitcoin/transactions?s=fee_usd(desc)&q=fee_usd(900..1100)#

3   Gavin Andresen, GAVIN ANDRESEN, August 18, 2023, http:// gavinandresen.ninja/

4   Gavin Andresen, GavinTech, August 18, 2023, https://gavintech. blogspot.com/

5   Gavin Andresen, "One-dollar lulz", GAVIN ANDRESEN, March 3, 2016, http://gavinandresen.ninja/One-Dollar-Lulz

6   Gavin Andresen, "Re: Please do not change MAX_BLOCK_ SIZE", Bitcoin Forum, June 03, 2013, https://bitcointalk.org/index. php?topic=221111. msg2359724#msg2359724

7   Cryddit, "Re: Permanently keeping the 1MB (anti-spam) restriction is a great idea ...", Bitcoin Forum, February 07, 2015, https://bitcointalk.org/ index. php?topic=946236.msg10388435#msg10388435

8   Jorge Timón, "Răspuns: Personal opinion on the fee market from a worried local trader", Bitcoin-dev Mailing List, July 31, 2015, https://lists.linuxfoundation.org/pipermail/bitcoin-dev/2015-July/009804.html

9   User , bitcoin-wizards chat log, January 16, 2016, http:// gnusha.org/bitcoin-wizards/2016-01-16.log

10   Bitcoincash, "Satoshi Reply to Mike Hearn", Nakamoto Studies Institute, April 12, 2009, https://nakamotostudies.org/emails/satoshireply-to-mike-hearn

11   "Scalability", Bitcoin, September 11, 2011, https://web.archive.org/web/20130814044948/https://en.bitcoin.it/wiki/Scalability

12   Gavin Andresen, "Re: Bitcoin 20MB Fork", Bitcoin Forum, January 31, 2015, https://bitcointalk.org/index.php?topic=941331.msg10315826#msg10315826

13   Satoshi, "Re: Flood attack 0.00000001 BC", Bitcoin Forum, August 11, 2010, https://bitcointalk.org/index.php?topic=287.msg8810#msg8810

14   jtimon, Reddit, December 13, 2016, https://www.reddit.com/r/ Bitcoin/comments/5i3d87/til_4_years_ago_matt_carollo_tried_to_solve/ db5d96z/

15   Pieter Wuille, "Bitcoin Core and hard forks", Bitcoin-dev mailing list, July 22, 2015, https://lists.linuxfoundation.org/pipermail/bitcoindev/2015-July/009515.html

16   User , "bitcoin-wizards" chat log, Gnusha, January 16, 2016, http://gnusha.org/bitcoin-wizards/2016-01-16.log

17   Gregory Maxwell, "Total fees have almost crossed the block reward", Bitcoin-dev mailing list, December 21, 2017, https://lists.linuxfoundation.org/pipermail/bitcoin-dev/2017-December/015455.html

18   Satoshi, "Re: What's with this odd generation?", Bitcoin Forum, February 14, 2010, https://bitcointalk.org/index.php?topic=48. msg329#msg329

19   Vitalik Buterin (@VitalikButerin), Twitter, November 14, 2017, https://twitter.com/VitalikButerin/status/930276246671450112

20   "Steam is no longer supporting Bitcoin", Steam, December 6, 2017, https://steamcommunity.com/games/593110/announcements/detail/1464096684955433613

21   Elon Musk (@elonmusk) Twitter, July 10, 2021, https://twitter.com/elonmusk/status/1413649482449883136

6. Пресловутые узлы

1   Wladimir J. van der Laan, "Block Size Increase", Bitcoin-development mailing list, May 7, 2015, https://lists.linuxfoundation.org/pipermail/ bitcoin-dev/2015-May/007890.html

2   BitcoinTalk, "Re: Scalability and transaction rate", Satoshi Nakamoto Institute, July 29, 2010, https://satoshi.nakamotoinstitute.org/posts/ bitcointalk/287/

3   Cryptography Mailing List, "Bitcoin P2P e-cash paper, Satoshi Nakamoto Institute, November 3, 2008, https://satoshi.nakamotoinstitute. org/emails/ cryptography/2/

4   Alan Reiner, "Block Size Increase", Bitcoin-development mailing list, May 8, 2015, https://lists.linuxfoundation.org/pipermail/bitcoindev/2015-May/008004.html

5   Theymos, "Re: The MAX_BLOCK_SIZE fork", Bitcoin Forum, January 31, 2013, https://bitcointalk.org/index.php?topic=140233. msg1492629#msg1492629

6   Satoshi Nakamoto, Bitcoin: A Peer-to-Peer Electronic Cash System, 2008, https://www.bitcoin.com/bitcoin.pdf

7   "Full node", Bitcoin Wiki, April 8, 2022, https://en.bitcoin.it/w/index. php?title=Full_node

8   Mike Hearn, "Re: Reminder: zero-conf is not safe; $500USD reward posted for replace-by-fee patch", Bitcoin Forum, April 19, 2013, https:// bitcointalk. org/index.php?topic=179612.msg1886471#msg1886471

9   BitcoinTalk, "Re: Scalability", Satoshi Nakamoto Institute, July 14, 2010, https://satoshi.nakamotoinstitute.org/posts/bitcointalk/188/

7. Реальная стоимость больших блоков

1   Gavin Andresen, "Re: Bitcoin 20MB Fork", Bitcoin Forum, March 17, 2015, https://bitcointalk.org/index.php?topic=941331. msg10803460#msg10803460

2   Ammous, *The Bitcoin Standard*, p. 233

3   Ibid.

4   "Seagate BarraCuda NE-ST8000DM004", NewEgg, September 2023, https://www.newegg.com/seagate-barracuda-st8000dm004-8tb/p/ N82E16822183793

5   "QNAP TS-653D-4G 6 Bay NAS", Amazon, September 2023, https://www.amazon.com/QNAP-TS-653D-4G-Professionals-Celeron-2- 5GbE/dp/B089728G34/

6   John McCallum, "Historical cost of computer memory and storage", Our World in Data, 2022 https://ourworldindata.org/grapher/historicalcost-of-computer-memory-and-storage

7   "Disk Drive Prices 1955+", Jcmit, September, 2023, https://jcmit.net/diskprice.htm

8   Ammous, *The Bitcoin Standard*, p. 233-234

9   Satoshi Nakamoto, "Bitcoin P2P e-cash paper", Bitcoin.com, November 3, 2008, https://www.bitcoin.com/satoshi-archive/emails/ cryptography/2/#selection-29.1597-29.2053

10   "The Shrinking Cost of a Megabit", ncta, March 28, 2019, https:// www.ncta.com/whats-new/the-shrinking-cost-of-a-megabit

11   Michael Ken, "AT&T Starts Offering 2-Gigabit and 5-Gigabit Home Internet Amid Cost Hike", PC Mag, January 24, 2022, https:// www.pcmag.com/news/att-starts-offering-2-gigabit-and-5-gigabit-homeinternet-amid-cost-hike

12   Nick Perry, "How much data does Netflix use?", digitaltrends, June 19, 2021, https://www.digitaltrends.com/movies/how-much-data-does-netflixuse

13   Blair Levin and Larry Downes, "Why Google Fiber Is High-Speed Internet's Most Successful Failure", Harvard Business Review, September 7, 2018, https://

hbr.org/2018/09/why-google-fiber-is-high-speedinternets-most-successful-failure

14 Kristin Houser, "Japan breaks world record for fastest internet speed", Big Think, November 13, 2021, https://bigthink.com/the-present/japaninternet-speed/

15 Alex Kerai, "State of the Internet in 2023: As Internet Speeds Rise, People Are More Online", HighSpeedInternet.com, January 30, 2023, https://www.highspeedinternet.com/resources/state-of-the-internet

16 Gavin Andresen, "A Scalability Roadmap", Bitcoin Foundation, October 6, 2014, https://web.archive.org/web/20141027182035/https://bitcoinfoundation.org/2014/10/a-scalability-roadmap/

8. Правильные стимулы

1 Gavin Andresen, "R e: Microsoft Researchers Suggest Method to Improve Bitcoin Transaction Propagation", Bitcoin Forum, November 15, 2011, https://bitcointalk.org/index.php?topic=51712. msg619395#msg619395

2 F. A. Hayek, *The Fatal Conceit : The Errors of Socialism*, edited by W. W. Bartley III, Chicago: University of Chicago Press, (1988), p. 76

3 Ibid.

4 Gavin Andresen, "Re: Please do not change MAX_BLOCK_ SIZE", Bitcoin Forum, June 03, 2013, https://bitcointalk.org/index. php?topic=221111. msg2359724#msg2359724

5 Wladimir J. van der Laan, "Block Size Increase", Bitcoin-development mailing list, May 7, 2015, https://lists.linuxfoundation.org/pipermail/ bitcoin-dev/2015-May/007890.htm

9. Сеть Lightning

1 Paul Sztorc, "Lightning Network -- Fundamental Limitations", Truthcoin. info, April 4, 2022, https://www.truthcoin.info/blog/lightninglimitations/

2   Joseph Poon and Thaddeus Dryja, "The Bitcoin Lightning Network: Scalable Off-Chain Instant Payments", January 14, 2016, https://lightning. network/ lightning-network-paper.pdf

3   Tone Vays, "Bitcoin Brief w/ Jimmy Song - Bitmain, BTC Apartments in Dubai & $10k Price Talk", Youtube, February 15, 2018, https://www. youtube. com/watch?v=9_WCaqcGnZ8&t=2404s

4   We Are All Satoshi, "Rick Reacts to the Lightning Network", Youtube, February 18, 2018, https://www.youtube.com/watch?v=DFZOrtlQXWc

5   Jian-Hong Lin, Kevin Primicerio, Tiziano Squartini, Christian Decker and Claudio J. Tessone, "Lightning Network: a second path towards centralisation of the Bitcoin economy", June 30, 2020, https://arxiv.org/ pdf/2002.02819.pdf

10. Ключи от кода

1   Ammous, *The Bitcoin Standard*, p. 200

2   "Bitcoin development", BitcoinCore, August 18, 2023, https://bitcoin. org/en/development

3   Level39 (@level39), Twitter, December 15, 2022, https://twitter.com/ level39/status/1603214594012598273

4   Epicenter Podcast, "EB94 – Gavin Andresen: On The Blocksize And Bitcoin's Governance", Youtube, August 31, 2015, https://www.youtube. com/ watch?v=B8l11q9hsJM

5   Gavin Andresen, "Development process straw-man", Bitcoin Forum, December 19, 2010, [https://bitcointalk.org/index.php?topic=2367. msg31651#msg31651

6   Epicenter Podcast, "EB94 – Gavin Andresen: On The Blocksize And Bitcoin's Governance", Youtube, August 31, 2015, https://www.youtube. com/ watch?v=B8l11q9hsJM

7   Epicenter Podcast, "EB82 – Mike Hearn - Blocksize Debate At The Breaking Point", Youtube, June 8, 2015, https://youtu. be/8JmvkyQyD8w?t=3699

8   Mike Hearn, "The resolution of the Bitcoin experiment", Medium, January 14, 2016, https://blog.plan99.net/the-resolution-of-the-bitcoinexperiment-dabb30201f7

9   Lannwj, "Rebrand client to 'Bitcoin Core' #3203", Github, November 5, 2013, https://github.com/bitcoin/bitcoin/issues/3203

10   Epicenter Podcast, "EB94 – Gavin Andresen: On The Blocksize And Bitcoin's Governance", Youtube, August 31, 2015,https://www.youtube. com/watch?v=B8l11q9hsJM

11   Ibid.

12   Epicenter Podcast, "EB82 – Mike Hearn - Blocksize Debate At The Breaking Point", Youtube, June 8, 2015, https://youtu. be/8JmvkyQyD8w?t=3845

11. Четыре эпохи

1   Gavin Andresen, "Is Store of Value enough?", GAVINTHINK, July 11, 2012, https://gavinthink.blogspot.com/2012/07/is-store-of-value-enough.html

2   "What Happened At The Satoshi Roundtable", Coinbase, March 4, 2016, https://blog.coinbase.com/what-happened-at-the-satoshiroundtable-6c11a10d8cdf

3   Samson Mow (@Excellion), Twitter, October 6, 2016, https://twitter.com/Excellion/status/783994642463326208

12. Предупреждающие знаки

1   Keep Bitcoin Free!, "Why the blocksize limit keeps Bitcoin free and decentralized", Youtube, May 17, 2013, https://www.youtube.com/watch?v=cZp7UGgBR0I

2   Gmaxwell, "Re: New video: Why the blocksize limit keeps Bitcoin free and decentralized", Bitcoin Forum, May 17, 2013, https://bitcointalk.org/ index.php?topic=208200.msg2182597#msg2182597

3   Peter Todd, "Reminder: zero-conf is not safe; $1000USD reward posted for replace-by-fee patch", Bitcoin Forum, April 18, 2013, https:// bitcointalk.

org/index.php?topic=179612.0

4   Peter Todd, "Reminder: zero-conf is not safe; $1000USD reward posted for replace-by-fee patch", Bitcoin Forum, April 18, 2013, https:// bitcointalk. org/index.php?topic=179612.0

5   Bram Cohen, "The inevitable demise of unconfirmed Bitcoin transactions", Medium, July 2, 2015, https://bramcohen.medium.com/theinevitable-demise-of-unconfirmed-bitcoin-transactions-8b5f66a44a35

6   Gavin Andresen, "A definition of "Bitcoin"", GAVIN ANDRESEN, February 7, 2017, http://gavinandresen.ninja/a-definition-of-bitcoin

7   Etotheipi, "Re: Reminder: zero-conf is not safe; $1000USD reward posted for replace-by-fee patch", Bitcoin Forum, May 09, 2013, https:// bitcointalk. org/index.php?topic=179612.80

8   Mike Hearn, "Replace by fee: A counter argument", Medium, March 28, 2015, https://blog.plan99.net/replace-by-fee-43edd9a1dd6d

9   Ibid.

10   Ibid.

11   Ibid.

12   "Opt-in RBF FAQ", BitcoinCore, August 18, 2023, https:// bitcoincore. org/en/faq/optin_rbf/

13   Mike Hearn, "Replace by fee: A counter argument", Medium, March 28, 2015, https://blog.plan99.net/replace-by-fee-43edd9a1dd6d

14   Peter Todd, "Bitcoin Blocksize Problem Video", Bitcoin Forum, April 28, 2013, https://bitcointalk.org/index.php?topic=189792.msg1968200

15   Benjamindees, "Re: New video: Why the blocksize limit keeps Bitcoin free and decentralized", Bitcoin Forum, May 18, 2013, https://bitcointalk. org/index.php?topic=208200.20

16   User , IRC chat log, August 30, 2013, http://azure. erisian.com.au/~aj/tmp/irc/log-2013-08-30.html

17   "Untitled", Pastebin, November 16, 2013, https://web.archive.org/web/20131120061753/http://pastebin.com/4BcycXUu

13. Блокирование потока

1   Maria Bustillos, "The Bitcoin Boom", The New Yorker, April 1, 2013, https://www.newyorker.com/tech/annals-of-technology/the-bitcoin-boom

2   Gavin Andresen, "Bitcoin Core Maintainer: Wladimir van der Laan", Bitcoin Foundation, April 7, 2014, https://web.archive.org/ web/20140915022516/https://bitcoinfoundation.org/2014/04/bitcoincore-maintainer-wladimir-van-der-laan/

3   Oliver Janssens, "The Truth about the Bitcoin Foundation", Bitcoin Foundation, April 4, 2015, https://web.archive.org/web/20150510211342/https://bitcoinfoundation.org/forum/index.php?/topic/1284-the-truthabout-the-bitcoin-foundation/

4   Gavin Andresen, "Joining the MIT Media Lab Digital Currency Initiative", GavinTech, April 22, 2015, https://gavintech.blogspot. com/2015/04/joining-mit-media-lab-digital-currency.html

5   "The philosophical origins of Bitcoin's civil war (Mike Hearn, written 2016 but released 2020)", Reddit, December 13, 2020, https://www.reddit. com/r/btc/comments/kc2k3h/the_philosophical_origins_of_bitcoins_civil_ war/gforyhb/?context=3

6   Adam3us, "We are bitcoin sidechain paper authors Adam Back, Greg Maxwell and others", Reddit, October 23, 2014, https://www.reddit.com/r/IAmA/comments/2k3u97/we_are_bitcoin_sidechain_paper_authors_ adam_back/clhoo7d/

7   Daniel Cawrey, "Gregory Maxwell: How I Went From Bitcoin Skeptic to Core Developer", CoinDesk, December 29, 2014, https://www.coindesk. com/markets/2014/12/29/gregory-maxwell-how-i-went-from-bitcoinskeptic-to-core-developer/

8   Laura Shin, "Will This Battle For The Soul Of Bitcoin Destroy It?", Forbes, October 23, 2017, https://www.forbes.com/sites/ laurashin/2017/10/23/will-this-battle-for-the-soul-of-bitcoin-destroy-it

9   Adam Back, Matt Corallo, Luke Dashjr, Mark Friedenbach, Gregory Maxwell, Andrew Miller, Andrew Poelstra, Jorge Timón, and Pieter Wuille, "Enabling Blockchain Innovations with Pegged Sidechains", October 22, 2014, https:// blockstream.com/sidechains.pdf

10   "What is the Liquid Federation?", Blockstream, August 18, 2023, https://help.blockstream.com/hc/en-us/articles/900003013143-What-isthe-Liquid-Feder

11   "How do transaction fees on Liquid work?", Blockstream, August 18, 2023, https://help.blockstream.com/hc/en-us/ articles/900001386846-How-do-transaction-fees-on-Liquid-work

12   Adam Back (@adam3us), Twitter, May 23, 2020, https://twitter.com/ adam3us/status/1264279001419431936/

13   Avanti, January 27, 2022, https://web.archive.org/web/20220127022722/ https://avantibank.com

14   Nate DiCamillo, "Unpacking the Avit, Avanti Bank's New Digital Asset Being Built With Blockstream", CoinDesk, August 12, 2020, https:// www.coindesk.com/business/2020/08/12/unpacking-the-avit-avantibanks-new-digital-asset-being-built-with-blockstream/

15   Blockstream Team, "El Salvador to Issue $1B in Tokenized Bonds on the Liquid Network", Blockstream, November 21, 2021, https://blog.blockstream.com/el-salvador-to-issue-1b-in-tokenized-bonds-on-theliquid-network/

16   Paul Vigna, "Bitcoin Startup Blockstream Raises $55 Million in Funding Round", The Wall Street Journal, February 3, 2016, https:// www.wsj.com/articles/ bitcoin-startup-blockstream-raises-55-million-infunding-round-1454518655

17   "Global 500", Fortune, August 18, 2023, https://fortune.com/ global500/2021/search/?sector=Financials

18   Graham Ruddick, "Axa boss Henri de Castries on coal: 'Do you really want to be the last investor?'", The Guardian, August 7, 2015, https://www.theguardian.com/business/2015/aug/07/axa-boss-henri-de-castries-oncoal-do-you-really-want-to-be-the-last-investor

19   "List of Bilderberg participants", Wikipedia, August 18, 2023, https://

en.wikipedia.org/wiki/List_of_Bilderberg_participants

20   Fitz Tepper, "Barry Silbert Launches Digital Currency Group With Funding From MasterCard, Others", TechCrunch, October 28, 2015, https:// techcrunch.com/2015/10/27/barry-silbert-launches-digitalcurrency-group-with-funding-from-mastercard-others/

21   "Blockstream Raise $210 Million Series B With $3.2 Billion Valuation", FinTechs.fi, August 18, 2023, https://fintechs.fi/2021/08/24/ blockstream-raise-210-million-with-3-2-billion-valuation/

22   Crypto Me!, "Stefan Molyneux predicts Blockstream takeover of Bitcoin", Youtube, May 7, 2018, https://www.youtube.com/watch?v=qsMbf2OzOY

14. Централизация контроля

1   Michael J. Casey, "Linked-In, Sun Microsystems Founders Lead Big Bet On Bitcoin Innovation", The Wall Street Journal, November 17, 2014, https://web.archive.org/web/20141201173917/ https://blogs.wsj.com/ moneybeat/2014/11/17/linked-in-sun-microsystems-founders-lead-bigbet-on-bitcoin-innovation/

2   Jeff Garzik, "Block size: It's economics & user preparation & moral hazard", Bitcoin-dev mailing list, December 16, 2015, https://lists. linuxfoundation.org/ pipermail/bitcoin-dev/2015-December/011973.html

3   Tim Swanson, "Bitcoin Hurdles: the Public Goods Costs of Securing a Decentralized Seigniorage Network which Incentivizes Alternatives and Centralization", April 2014, http://www.ofnumbers.com/wp-content/ uploads/2014/04/Bitcoins-Public-Goods-hurdles.pdf

4   "Make Master Protocol harder to censor", Github, September 2014, https:// github.com/OmniLayer/spec/issues/248

5   "Vitalik Buterin tried to develop Ethereum on top of Bitcoin, but was stalled because the developers made it hard to build on top of Bitcoin" Reddit, February 1, 2018, https://np.reddit.com/r/btc/comments/7umljb/ vitalik_ buterin_tried_to_develop_ethereum_on_top/dtli9fg/

6   Joseph Young, "Vitalik Buterin Never Attempted to Launch Ethereum on Top of Bitcoin", CoinJournal, May 22, 2020, https://coinjournal.net/ news/ vitalik-buterin-never-attempted-launch-ethereum-top-bitcoin/

7   "Vitalik Buterin tried to develop Ethereum on top of Bitcoin, but was stalled because the developers made it hard to build on top of Bitcoin" Reddit, February 1, 2018, https://np.reddit.com/r/btc/comments/7umljb/ vitalik_ buterin_tried_to_develop_ethereum_on_top/dtli9fg/

8   Ibid.

9   Erik Voorhees (@ErikVoorhees), Twitter, January 5, 2021, https:// twitter. com/erikvoorhees/status/1346522578748370952

10   Laanwj, "Change the default maximum OP_RETURN size to 80 bytes #5286", Github, February 3, 2015, https://github.com/bitcoin/ bitcoin/pull/5286

11   Gavin Andresen, "Re: Gavin Andresen Proposes Bitcoin Hard Fork to Address Network Scalability", Bitcoin Forum, October 19, 2014, https:// bitcointalk.org/index.php?topic=816298.msg9254725#msg9254725

12   Crypto Me!, ""The Internet of Money should not cost 5 cents per transaction." -Vitalik Buterin", Youtube, December 19, 2017, https://www. youtube.com/watch?v=unMnAVAGIp0

13   Stephen Pair, "Bitcoin as a Settlement System", Medium, January 5, 2016, https://medium.com/@spair/bitcoin-as-a-settlement-system13f86c5622e3

14   Pieter Wuille, "Re: How a floating blocksize limit inevitably leads towards centralization", Bitcoin Forum, February 18, 2013, https://bitcointalk.org/ index.php?topic=144895.msg1537737#msg1537737

15   Mike Hearn, "Why Satoshi's temporary anti-spam measure isn't temporary", Bitcoin-dev mailing list, July 29, 2015, https://lists. linuxfoundation.org/ pipermail/bitcoin-dev/2015-July/009726.html

16   Aantonop, "Re: Roger Ver and Jon Matonis pushed aside now that Bitcoin is becoming mainstream", Bitcoin Forum, April 29, 2013, https:// bitcointalk. org/index.php?topic=181168.msg1977971#msg1977971

17   Gavin Andresen, "A Scalability Roadmap", Bitcoin Foundation, October

6, 2014, https://web.archive.org/web/20150130122517/https:// blog.bitcoinfoundation.org/a-scalability-roadmap/

15. Противодействие

1 Matt Corallo, "Block Size Increase", Bitcoin-development mailing list, May 6, 2015, https://lists.linuxfoundation.org/pipermail/bitcoin-dev/2015-May/007869.html

2 Satoshi Nakamoto, "Bitcoin: A Peer-to-Peer Electronic Cash System", 2008, https://www.bitcoin.com/bitcoin.pdf

3 Maria Bustillos, Inside the Fight Over Bitcoin's Future, The New Yorker, August 25, 2015, https://www.newyorker.com/business/currency/ inside-the-fight-over-bitcoins-future

4 Mike Hearn, "The resolution of the Bitcoin experiment", Medium, January 14, 2016, https://blog.plan99.net/the-resolution-of-the-bitcoinexperiment-dabb30201f7

5 Pieter Wuille, "Bitcoin Core and hard forks", Bitcoin-dev mailing list, July 22, 2015, https://lists.linuxfoundation.org/pipermail/bitcoindev/2015-July/009515.html

6 Stephen Pair, Peter Smith, Jeremy Allaire, Sean Neville, Sam Cole, Charles, Cascarilla, John McDonnell, Wences Casares and Mike Belshe, "Our community stands at a crossroads.", August 24, 2015, https://web. archive.org/web/20150905190229/ https://blog.blockchain.com/wpcontent/uploads/2015/08/Industry-Block-Size-letter-All-Signed.pdf

7 Joseph Young, "Leading Bitcoin Companies Pledge Support for BIP101 and Bigger Blocks", Bitcoin Magazine, August 24, 2015, https:// bitcoinmagazine.com/technical/7-leading-bitcoin-companies-pledgesupport-bip101-bigger-blocks-144045093

8 F2Pool, Mining Pool Technical Meeting – Blocksize Increases, June 12, 2015, https://imgur.com/a/LlDRr

9 Mike Hearn, "Why is Bitcoin forking?", Medium, August 15, 2015, https://medium.com/faith-and-future/why-is-bitcoin-forkingd647312d22c

16. Блокирование выхода

1   "Bitcoin.org Hard Fork Policy", Bitcoin, June 16, 2015, https://cloud. githubusercontent.com/assets/61096/8162837/d2c9b502-134d-11e5- 9a8b-27c65c0e0356.png

2   Harding, "Blog: Bitcoin.org Position On Hard Forks #894", Github, June 16, 2015, https://github.com/bitcoin-dot-org/bitcoin.org/ pull/894#issuecomment-112121007 - double check

3   Harding, "Blog: Bitcoin.org Position On Hard Forks #894", Github, June 16, 2015, https://github.com/bitcoin-dot-org/bitcoin.org/ pull/894#issueco mment-112123722

4   Tiraspol, "These Mods need to be changed. Up-Vote if you agree", Reddit, August 16, 2015, https://archive.ph/rum9c

5   Theymos, "It's time for a break: About the recent mess & temporary new rules", Reddit, August 17, 2015, https://www.reddit.com/r/Bitcoin/ comments/3h9cq4/its_time_for_a_break_about_the_recent_mess/

6   "Theymos: "I know how moderation affects people." (Bitcoin censorship)", Reddit, September 16, 2015, https://www.reddit.com/r/ bitcoin_uncensored/ comments/3l6oni/theymos_i_know_how_ moderation_affects_people/

7   John Ratcliff, "Confessions of an r/Bitcoin Moderator", Let's Talk Bitcoin, August 19, 2015, https://archive.ph/6loqD

8   "So long, and thanks for all the fish.", Reddit, August 30, 2015, https:// www.reddit.com/r/bitcoin_uncensored/comments/3iwzmk/ so_long_and_ thanks_for_all_the_fish/cuonqqu/?utm_source=share&utm_ medium=web2x

9   Tom Simonite, "Allegations of Dirty Tricks as Effort to "Rescue" Bitcoin Falters", MIT Technology Review, September 8, 2015, https:// www. technologyreview.com/2015/09/08/166310/allegations-of-dirtytricks-as-effort-to-rescue-bitcoin-falters/

10   Celean, "UDP flood DDoS attacks against XT nodes", Reddit, August 29, 2015, https://www.reddit.com/r/bitcoinxt/comments/3iumsr/ udp_flood_ ddos_attacks_against_xt_nodes

11 Sqrt7744, "PSA: If you're running an XT node in stealth mode, now would be a great time disable that feature, DDOS attacks on nodes (other than Coinbase) seem to have stopped, it's a great time to show support publicly.", Reddit, December 27, 2015, https://www.reddit.com/r/bitcoinxt/ comments/3yewit/ psa_if_youre_running_an_xt_node_in_stealth_mode/

12 Jasonswan, "The DDoSes are still real", Reddit, September 3, 2015, https:// www.reddit.com/r/bitcoinxt/comments/3jg2rt/the_ddoses_are_ still_real/ cupb74s/?utm_source=share&utm_medium=web2x

13 Oddvisions, "I support BIP101", Reddit, September 3, 2015, https:// www.reddit.com/r/Bitcoin/comments/3jgtjl/comment/cupg2wr/?utm_ source=share&utm_medium=web2x&context=3

14 Aaron van Wirdum, "Coinbase CEO Brian Armstrong: BIP 101 is the Best Proposal We've Seen So Far", Bitcoin Magazine, November 3, 2015, https:// bitcoinmagazine.com/technical/coinbase-ceo-brianarmstrong-bip-is-the-best-proposal-we-ve-seen-so-far-1446584055

15 Desantis, "Coinbase CEO Brian Armstrong: BIP 101 is the Best Proposal We've Seen So Far", Reddit, November 3, 2015, https://www. reddit.com/r/ Bitcoin/comments/3rejl9/coinbase_ceo_brian_armstrong_ bip_101_is_the_ best/cwpglh6/

16 Brian Armstrong (@brian_armstrong), Twitter, December 26, 2015, https://archive.ph/PYwTA

17 Cobra-Bitcoin, "Remove Coinbase from the "Choose your Wallet" page #1178", Github, December 27, 2015, https://github.com/bitcoin-dotorg/ bitcoin.org/pull/1178

18 Ibid.

19 Oliver Janssens (@oliverjanss), Twitter, December 27, 2015, https:// twitter.com/oliverjanss/status/681178084846993408?s=20

20 Cobra-Bitcoin, "Remove Coinbase from the 'Choose your Wallet' page #1178", Github, December 27, 2015, https://github.com/bitcoin-dotorg/ bitcoin.org/pull/1178

21 CrimBit, "Hackers DDoS Coinbase, website down", Bitcoin Forum, December 28, 2015, https://bitcointalk.org/index.php?topic=1306974.0

17. Принуждение к соглашению

1   Cobra-Bitcoin, "Remove Coinbase from the "Choose your Wallet" page #1178", Github, December 27, 2015, https://github.com/bitcoin-dot-org/bitcoin.org/pull/1178#issuecomment-167389049

2   Satoshi, "Re: [PATCH] increase block size limit", Bitcoin Forum, October 04, 2010, https://bitcointalk.org/index.php?topic=1347. msg15366#msg15366

3   Cade Metz, "The Bitcoin Schism Shows the Genius of Open Source", Wired, August 19, 2015, https://www.wired.com/2015/08/bitcoin-schismshows-genius-open-source/

4   Cobra-Bitcoin, "Remove Coinbase from the "Choose your Wallet" page #1178", Github, December 27, 2015, https://github.com/bitcoin-dot-org/bitcoin.org/pull/1178#issuecomment-167389049

5   Aaron van Wirdum, "Chinese Mining Pools Call for Consensus; Refuse Switch to Bitcoin XT", Cointelegraph, June 24, 2015, https:// cointelegraph.com/news/chinese-mining-pools-call-for-consensus-refuseswitch-to-bitcoin-xt

6   Ibid.

7   Adam Back (@adam3us), Twitter, August 26, 2015, https://twitter.com/adam3us/status/636410827969421312

8   Adam Back (@adam3us), Twitter, December 30, 2015, https://twitter.com/adam3us/status/682335248504365056

9   Mike Hearn, "AMA: Ask Mike Anything", Reddit, April 5, 2018, https://www.reddit.com/r/btc/comments/89z483/comment/dwup253/

10   Mike Hearn, "The resolution of the Bitcoin experiment", Medium, January 14, 2016, https://blog.plan99.net/the-resolution-of-the-bitcoinexperiment-dabb30201f7

11   Jeff Garzik, "Bitcoin is Being Hot-Wired for Settlement", Medium, December 29, 2015, https://medium.com/@jgarzik/bitcoin-is-being-hotwired-for-settlement-a5beb1df223a#.850eazy81

12   "BitPay's Bitcoin Payments Volume Grows by 328%, On Pace for $1 Billion Yearly", BitPay, October 2, 2017, https://web.archive.org/ web/20200517164537/

https://bitpay.com/blog/bitpay-growth-2017/

13   Stephen Pair, "Bitcoin as a Settlement System", Medium, January 5, 2016, https://medium.com/@spair/bitcoin-as-a-settlement-system13f86c5622e3#.59s53nck6

14   Stephen Pair, "Miners Control Bitcoin: ...and that's a good thing", Medium, January 4, 2016, https://medium.com/@spair/miners-controlbitcoin-eea7a8479c9c

15   "Bitcoin is not ruled by miners", Bitcoin Wiki, August 18, 2023, https://en.bitcoin.it/wiki/Bitcoin_is_not_ruled_by_miners

16   "Bitcoin is not ruled by miners", Bitcoin Wiki, August 18, 2023, https://en.bitcoin.it/wiki/Bitcoin_is_not_ruled_by_miners

18. Из Гонконга в Нью-Йорк

1   "What Happened At The Satoshi Roundtable", Coinbase, March 4, 2016, https://blog.coinbase.com/what-happened-at-the-satoshiroundtable-6c11a10d8cdf

2   "Consensus census", Google Docs, https://docs.google.com/ spreadsheets/d/1Cg9Qo9Vl5PdJYD4EiHnIGMV3G48pWmcWI3NFoK KfIzU/edit#gid=0

3   "49% of Bitcoin mining pools support Bitcoin Classic already (as of January 15, 2016)", Reddit, January 15, 2016, https://www.reddit.com/r/ btc/comments/414qxh/49_of_bitcoin_mining_pools_support_bitcoin/

4   Paul Vigna, "Is Bitcoin Breaking Up?", The Wall Street Journal, January 17, 2016 https://archive.ph/lK24o#selection-4511.0-4511.263

5   "49% of Bitcoin mining pools support Bitcoin Classic already (as of January 15, 2016)", Reddit, January 15, 2016, https://www.reddit.com/r/btc/comments/414qxh/comment/cz063na/?utm_source=share&utm_medium=web2x&context=3

6   "49% of Bitcoin mining pools support Bitcoin Classic already (as of January 15, 2016)", Reddit, January 15, 2016, https://www.reddit.com/r/btc/comments/414qxh/comment/cz0hwzz/?utm_source=share&utm_medium=web2x&context=3

7   Bitcoin Roundtable, "Bitcoin Roundtable Consensus", Medium, February 20, 2016, https://medium.com/@bitcoinroundtable/bitcoinroundtable-consensus-266d475a61ff#.8vbwu3ft7

8   The Future of Bitcoin, "Dr. Peter Rizun - SegWit Coins are not Bitcoins - Arnhem 2017", Youtube, July 7, 2017, https://www.youtube. com/watch?v=VoFb3mcxluY

9   "What Happened At The Satoshi Roundtable", Coinbase, March 4, 2016, https://blog.coinbase.com/what-happened-at-the-satoshiroundtable-6c11a10d8cd

10   "Bitcoin Classic Nodes Under Heavy DDoS Attack", Blocky, February 28, 2016, https://web.archive.org/web/20160302070655/http:// www.blockcy.com/bitcoin-classic-nodes-under-ddos-attack

11   Drew Cordell, "Bitcoin Classic Targeted by DDoS Attacks", Bitcoin.com, March 1, 2016, https://news.bitcoin.com/bitcoin-classic-targeted-byddos-attacks/

12   Joseph Young, "F2Pool Suffers from Series of DDoS Attacks", Cointelegraph, March 2, 2016, https://cointelegraph.com/news/f2poolsuffers-from-series-of-ddos

13   Coin Dance, "Bitcoin Classic Node Summary" https://coin.dance/ nodes/classic, August, 2023

14   Cobra-Bitcoin, "Amendments to the Bitcoin paper #1325", Github, July 2, 2016, https://github.com/bitcoin-dot-org/bitcoin.org/issues/1325

15   Ibid.

16   Theymos, "Policy to fight against "miners control Bitcoin" narrative #1904", Github, November 8, 2017, https://github.com/bitcoin-dot-org/ bitcoin.org/issues/1904

17   Ibid.

18   Charlie Shrem (@CharlieShrem), Twitter, January 19, 2017, https:// twitter.com/CharlieShrem/status/822189031954022401

19   Andrew Quentson, "Bitcoin Core Supporter Threatens Zero Day Exploit

if Bitcoin Unlimited Hardforks", CCN, March 4, 2021, https:// www.ccn.com/ bitcoin-core-supporter-threatens-zero-day-exploit-bitcoinunlimited-hardforks/

20   Yuji Nakamura, "Divisive 'Bitcoin Unlimited' Solution Crashes After Bug Discovered", Bloomberg Technology, March 15, 2017, https://web. archive.org/web/20170315070841/https://www.bloomberg.com/news/ articles/2017-03-15/divisive-bitcoin-unlimited-solution-crashes-afterbug-exploit

21   Digital Currency Group, "Bitcoin Scaling Agreement at Consensus 2017", Medium, May 23, 2017, https://dcgco.medium.com/bitcoinscaling-agreement-at-consensus-2017-133521fe9a77

22   ViaBTC, "Why we don't support SegWit", Medium, April 19, 2017, https:// viabtc.medium.com/why-we-dont-support-segwit-91d44475cc18

23   Gmaxwell, "Re: ToominCoin aka "Bitcoin_Classic" #R3KT", Bitcoin Forum, May 13, 2016, https://bitcointalk.org/index.php?topic=1330553. msg14835202#msg14835202

24   Mike Hearn, Hacker News, Y Combinator, March 28, 2016, https:// news. ycombinator.com/item?id=11373362

19. Безумные шляпники

1   Shaolinfry, "Moving towards user activated soft fork activation", Bitcoin-dev mailing list, February 25, 2017, https://lists.linuxfoundation. org/pipermail/ bitcoin-dev/2017-February/013643.html

2   Jordan Tuwiner, "UASF / User Activated Soft Fork: What is It?", Buy Bitcoin Worldwide, January 3, 2023, https://www.buybitcoinworldwide. com/uasf/

3   Washington Sanchez (@drwasho), Twitter, May 17, 2017, https:// twitter. com/drwasho/status/864651283050897408

4   Samson Mow (@Excellion), Twitter, March 22, 2017, https://twitter. com/ excellion/status/844349077638676480

5   Adam Back (@adam3us), Twitter, October 3, 2017, https://twitter.com/ adam3us/status/915232292825698305?s=20

6   Btc Drak, "A Segwit2x BIP", Bitcoin-dev mailing list, July 8, 2017, https:// lists.linuxfoundation.org/pipermail/bitcoin-dev/2017-July/014716.html

7   AlexHM, "BTCC just started signalling NYA. They went offline briefly. That's over 80%. Good job, everyone.", Reddit, June 20, 2017, https://www. reddit.com/r/btc/comments/6ice15/btcc_just_started_signalling_nya_ they_ went/dj5dsuy/

8   Samson Mow (@Excellion), Twitter, March 29, 2017, https://twitter. com/ Excellion/status/847159680556187648

9   Edmund Edgar (@edmundedgar), Twitter, March 30, 2017, https:// twitter. com/edmundedgar/status/847213867503460352

10   Samson Mow (@Excellion), Twitter, March 30, 2017, https://twitter. com/excellion/status/847273464461352960

11   Adam Back (@adam3us), Twitter, April 1, 2017, https://archive.ph/WJdZj

12   Peter Todd (@peterktodd), Twitter, July 19, 2017, https://twitter.com/ peterktodd/status/887656660801605633

13   Nullc, "Segwit is a 2MB block size increase, full stop.", Reddit, August 13, 2017, https://archive.ph/8d6Jm

14   Eric Lombrozo (@eric_lombrozo), Twitter, April 20, 2017, https:// archive.ph/9xTbZ

15   "Is SegWit a block size increase?", Segwit.org, August 29, 2017, https:// archive.ph/lEpFf

16   "Delist NYA participants from bitcoin.org #1753", Github, August 18, 2017, https://github.com/bitcoin-dot-org/bitcoin.org/issues/1753#issueco mment-332300306

17   Cobra-Bitcoin, "Add Segwit2x Safety Alert #1824 ", Github, October 11, 2017, https://github.com/bitcoin-dot-org/bitcoin.org/pull/1824

18   "Bitcoin.org to denounce "Segwit2x"", Bitcoin.org, October 5, 2017, https://web.archive.org/web/20171028193101/https://bitcoin.org/en/ posts/ denounce-segwit2x

19   "Bitcoin.org Plans to "Denounce" Almost All Bitcoin Businesses and Miners", Trustnodes, October 6, 2017, https://www.trustnodes. com/2017/10/06/ bitcoin-org-plans-denounce-almost-bitcoin-businessesminer

20   "SegWit2x Blocks (historical) Summary", Coin Dance, August 18, 2023, https://web.archive.org/web/20171006030014/https://coin.dance/ blocks/ segwit2xhistorical

21   Eric Lombrozo, "Bitcoin Cash's mandatory replay protection - an example for B2X", Bitcoin-segwit2x mailing list, August 22, 2017, https://lists. linuxfoundation.org/pipermail/bitcoin-segwit2x/2017- August/000259.html

22   Matt Corallo, "Subject: File No. SR-NYSEArca-2017-06", September 11, 2017, https://www.sec.gov/comments/sr-nysearca-2017-06/ nysearca201706-161046.htm

23   Samson Mow (@Excellion), Twitter, October 7, 2017, https://twitter. com/Excellion/status/916491407270879232

24   Samson Mow (@Excellion), Twitter, October 7, 2017, https://twitter. com/Excellion/status/916492211700690945

25   Microbit, "Removal of BTC.com wallet? #1660", Github, July 3, 2017, https://github.com/bitcoin-dot-org/bitcoin.org/ issues/1660#issuecomme nt-312738631

26   Kokou Adzo, "Best Programming Homework Help Websites for You to Choose", Startup.info, June 8, 2023, https://techburst.io/segwit2x-yourefucked-if-you-do-you-re-fucked-if-you-don-t-6655a853d8e7

27   "Statement Regarding Upcoming Segwit2x Hard Fork", Bitfinex, October 6, 2017, https://www.bitfinex.com/posts/223

28   Stephen Pair, "Segwit2x Should Be Canceled", Medium, November 8, 2017, https://medium.com/@spair/segwit2x-should-be-canceledb7399c767d34

29   Mike Belshe, "Final Steps", Bitcoin-segwit2x mailing list, November 8, 2017, https://lists.linuxfoundation.org/pipermail/bitcoin-segwit2x/2017-November/000685.htm

30   Gavin Andresen (@gavinandresen), Twitter, November 11, 2017, https:// twitter.com/gavinandresen/status/929377620000681984

20. Претендент на звание

1   Vitalik.eth (@VitalikButerin), Twitter, November 14, 2017, https://mobile. twitter.com/vitalikbuterin/status/930276246671450112

2   Van der Laan, "The widening gyre", Laanwj's blog, January 21 2021, https:// laanwj.github.io/2021/01/21/decentralize.html

3   MortuusBestia, "BTC--->BCH has been the most popular trade on ShapeShift.io for some time", Reddit, https://www.reddit.com/r/ CryptoCurrency/comments/8e3eon/comment/dxs2puh/

4   BitcoinIsTehFuture, "It's called "Bitcoin Cash". The term "Bcash" is a social attack run by r/bitcoin." Reddit, August 2, 2017, https://www.reddit. com/r/ btc/comments/6r4no6/its_called_bitcoin_cash_the_term_bcash_ is_a/

5   "bashco at least we got a warning right? Cobra I got a concrete head ups, I warned users to check signatures, it's that simple", https://imgur. com/a/wwVSXZW

6   Jonald Fyookball, "Why Some People Call Bitcoin Cash 'bcash'. This Will Be Shocking to New Readers.", Medium, September 18, 2017, https://medium. com/@jonaldfyookball/why-some-people-call-bitcoincash-bcash-this-will-be-shocking-to-new-readers-956558da12f

21. Слабые возражения

1   Ammous, *The Bitcoin Standard*, p. 229

2   "Latest Bitcoin Blocks by Mining Pool (last 7 days) Summary", Coin Dance, August 18, 2023, https://coin.dance/blocks/thisweek

3   Mike Hearn, "Re: More BitCoin questions", Bitcoin.com, January 10, 2011, https://www.bitcoin.com/satoshi-archive/emails/mike-hearn/12/

4   Awemany, "600 Microseconds: A perspective from the Bitcoin Cash and Bitcoin Unlimited developer who discovered CVE-2018–17144", Bitcoin Unlimited, September 22, 2018, https://medium.com/@awemany/600-microseconds-b70f87b0b2a6

22. Свобода для иноващий

1   Mengerian, "The Story of OP_CHECKDATASIG", Medium, December 15, 2018, https://mengerian.medium.com/the-story-of-opcheckdatasig-c2b1b38e801a

2   Kudelski Security, "CashFusion Security Audit", CashFusion, July 29, 2020, https://electroncash.org/fusionaudit.pdf

3   "191457 Fusions since 28/11/2019", Bitcoin Privacy Stats, August 18, 2023, https://stats.sploit.cash/#/fusion

4   Jamie Redman, "Gigablock Testnet Researchers Mine the World's First 1GB Block", Bitcoin.com, October 16, 2017, https://news.bitcoin.com/gigablock-testnet-researchers-mine-the-worlds-first-1gb-block/

5   "I have previously stated that the latest RPi4 can process Scalenet's 256MB blocks in just under ten minutes. I was wrong.", Reddit, July 8, 2022, https://np.reddit.com/r/btc/comments/vuiqwm/im_terribly_sorry_as_the_noob_that_i_am_i_have/

23. Другие форки

1   Gavin Andresen, "Satoshi", Gavin Andresen, May 2, 2016, http://gavinandresen.ninja/satoshi

2   Jiang Zhuoer, "Infrastructure Funding Plan for Bitcoin Cash", Medium, January 22, 2020, https://medium.com/@jiangzhuoer/infrastructurefunding-plan-for-bitcoin-cash-131fdcd2412e

3   Amaury Sechet, "Bitcoin ABC's plan for the November 2020 upgrade", Medium, August 6, 2020, https://amaurysechet.medium.com/bitcoin-abcsplan-for-the-november-2020-upgrade-65fb84c43

4   Peter R. Rizun (@PeterRizun), Twitter, February 15, 2020, https://twitter.com/PeterRizun/status/1228787028734574592

5   MemoryDealers, "Even if Amaury and ABC are the best developers in the world, that doesn't mean they deserve 8% of the block reward.", Reddit, October 18, 2020, https://www.reddit.com/r/btc/comments/jdft5s/comment/g98y9l3/

24. Заключение

1   Turner Wright, "Coinone will stop withdrawals to unverified external wallets", Cointelegraph, December 29, 2021, https://cointelegraph.com/news/coinone-will-stop-withdrawals-to-unverified-external-wallets

2   Mike_Hearn, "AMA: Ask Mike Anything", Reddit, April 5, 2018, https://www.reddit.com/r/btc/comments/89z483/ama_ask_mike_anything/